花粉発生源対策の
施策・研究開発
最新情報

全国林業改良普及協会 編

林業改良普及双書 No.208

まえがき

今や国民の約４割が罹患しているといわれる花粉症。
この花粉症に対処するため林野庁や都道府県等により、スギ花粉の発生源対策として、これまで花粉の少ない品種の開発・普及や植替え等の取組が進められてきましたが、２０２３年４月に「花粉症に関する関係閣僚会議」が設置され、同年5月には「花粉症対策の全体像」において、花粉発生源対策を加速化させる道筋が示されました。この目標は、10年後にはスギ人工林を2割削減し、30年後には花粉発生量を半減させるという計画です。その達成には、林業現場での実践と新たな技術導入が不可欠となります。

このため本書では、林野庁による花粉発生源対策の現状と方向性を解説するとともに、全国の林業現場における先駆的な取組事例を収録しました。花粉の少ない（無花粉、少花粉、低花粉、特定母樹）品種の開発や植替え、花粉飛散防止剤の実用化、広葉樹導入、広域連携による花粉発生源対策の取組など、具体的な11事例を通じて、林業関係者の皆様が現場で活用できる知見を提供しています。

花粉発生源対策は単なる社会問題の解決にとどまらず、森林資源を循環利用し、２０５０年カーボンニュートラルの実現に貢献する「グリーン成長」の一環でもあります。これを進めることで、森林・林業はさらなる価値を生み出し、国民が森林に親しみ、積極的に関わる社会を築いていくことが可能となります。

林業従事者、森林所有者、普及指導員をはじめとする皆様にとって、本書が花粉発生源対策の実践と森林の持続可能な管理の新たな一歩となり、森林と人がより調和した未来を築く一助となれば幸いです。

２０２５年1月　全国林業改良普及協会

目次

解説編

目次

事例編

花粉の少ない品種の開発　60

国立研究開発法人 森林研究・整備機構森林総合研究所林木育種センター育種部長　髙橋　誠

スギ花粉の飛散を抑える技術の実用化（花粉飛散防止剤）　75

国立研究開発法人 森林研究・整備機構森林総合研究所きのこ・森林微生物研究領域　主任研究員　髙橋　由紀子

東京都における「花粉の少ない森づくり」 93

東京都産業労働局農林水産部森林課 課長代理（花粉対策担当） 宮井遼平
東京都産業労働局農林水産部森林課 課長代理（木材流通担当） 東 亮太
（公財）東京都農林水産振興財団花粉対策室花粉対策係長 河村 徹
（公財）東京都農林水産振興財団花粉の少ない森づくり運動担当係長 林 明彦

はじめに─林業の衰退と花粉症の増加 93／主伐による森林整備 100／
多摩産材の利用拡大 108／花粉の少ない森づくり運動 113／
おわりに─東京の林業の再生に向けて 118

無花粉ヒノキ「丹沢 森のミライ」の品種登録と苗木生産拡大 122

神奈川県自然環境保全センター研究企画部研究連携課 主任研究員 齋藤央嗣

雄性不稔品種と無花粉ヒノキ「丹沢 森のミライ」の発見 122／
「丹沢 森のミライ」の品種の材質及び増殖方法の検討 127／
「丹沢 森のミライ」の形質と品種登録 128／

「丹沢 森のミライ」さし木の採穂園整備と生産拡大　130

広域連携による花粉発生源対策①
九都県市花粉発生源対策推進連絡会の取組　133
神奈川県環境農政局緑政部森林再生課森林企画グループ
スギ花粉症の概要　133／広域連携による花粉発生源対策　134／
神奈川県花粉発生源対策10か年計画　137／まとめ　140

優良無花粉スギ「立山 森の輝き」の開発と早期普及に向けた取組　141
富山県農林水産部農林水産総合技術センター森林研究所森林資源課 課長　斎藤 真己
富山県農林水産部森林政策課森づくり推進係普及担当 主幹　山下 清澄
無花粉スギの発見とその特徴　141／無花粉になる性質の遺伝様式の解明　143／
無花粉スギ品種「立山 森の輝き」の開発　145／

目次

「立山 森の輝き」の生産計画と効率的な苗木生産 146／「立山 森の輝き」の普及拡大に向けた取組 153／〃エリート無花粉スギ品種〃の開発に向けて 156

静岡県の閉鎖型採種園における特定苗木用種子の生産や課題について 158

静岡県農林技術研究所森林・林業研究センター 主任研究員 福田 拓実

静岡県の閉鎖型採種園における特定苗木用種子の生産 158／閉鎖型採種園における種子生産の課題 161／特定母樹の評価 164

静岡県における無花粉スギ研究と品種開発 167

静岡県農林技術研究所森林・林業研究センター 資源利用科長 袴田 哲司

無花粉スギの作出と品種開発 167／クラウドファンディングによる無花粉スギ研究 171／研究成果の普及と情報発信 173／無花粉スギとエリートツリーを組み合わせた植栽の一案 174／

無花粉スギ研究の将来に向けて　176

広葉樹への植替えによる花粉発生源対策の取組　180

和歌山県農林水産部森林林業局森林整備課森林づくり班　副主査　竹内 隆介

和歌山県における花粉発生源対策の方針　180／花粉発生源対策の取組の概要と事例　182／
花粉の少ないスギ・ヒノキ苗木の増産に向けた取組　187／今後の取組に向けて　190

広域連携による花粉発生源対策②

スギ・ヒノキ花粉症対策推進中国地方連絡会議　192

岡山県農林水産部治山課造林班　池本 翔

スギ・ヒノキ花粉症対策推進中国地方連絡会議の概要　192／目標及び進捗状況　195／
取組の成果、課題　204／今後の展望　205

解説編

林野庁による花粉発生源対策の概要と具体的な取組、今後の展望

林野庁森林整備部森林利用課
花粉発生源対策企画班

はじめに

スギ花粉の発生源対策としては、これまで花粉の少ない品種の開発・普及や植替え等の取組が進められてきましたが、2023（令和5）年4月に「花粉症に関する関係閣僚会議」が設置され、同年5月には「花粉症対策の全体像」において花粉発生源対策を加速化させる道筋が示されました。今後は、森林の有する地球環境保全機能や国土保全機能、木材生産機能などの多面的機能を高度に発揮させつつ、それらと調和した形で花粉発生源を減らしていく取組を進めていくこととなっています。

本書では「令和5年度森林・林業白書」の特集「花粉と森林」で取り上げました、スギ等の人工林が造成されてきた経緯やスギ花粉症等の顕在化と対応の経緯を解説するとともに、伐採・植替えの加速化や木材需要の拡大等の施策を総合的に推進するという花粉発生源対策の方向性や、花粉発生源対策を含め国民の多様なニーズに対応した森林を育むという今後の森林整備の方向性について、ご紹介します。

戦後の人工林の拡大

昭和10年代には第二次世界大戦の拡大に伴い、軍需物資等として森林の伐採が進みました。また、戦後も復興のために我が国の森林は大量に伐採され、昭和20年代には、各地で大型台風等による大規模な山地災害や水害が発生しました。

こうした中で、国土保全の面から早急な国土緑化の必要性が国民の間で強く認識されるようになり、育苗・造林技術の確立していたスギ等を用いた復旧造林が各地で実施されました。このような復旧造林の取組は、引揚者も含め人口が多かった山村における雇用対策の側面もありました。さらに、1950（昭和25）年には「荒れた国土に緑の晴れ着を」をスローガンに第1回の全国植樹祭が山梨県で開催され、以後国土緑化運動の中心的行事として毎年開催されています。こうした一連の施策により、戦後約10年を経た1956（昭和31）年度には、それまでの造林未済地への造林がほぼ完了しました。

1950（昭和25）年頃から我が国の経済は復興の軌道に乗り、住宅建築等のための木材の需要の急速な増大等に対応するため、成長が早く建築用材等としての利用価値が高いスギ等の針葉樹を植栽する拡大造林が進展しました。この結果、人工林面積は1949（昭和24）年の約500万haから現状の約1000万haまでに達するとともに、スギはそのうちの約4割を占める主要林業樹種となりました。

スギ花粉症とは何か　～スギ等による花粉症の顕在化と対応～

顕在化してきたスギ等の花粉症

我が国におけるスギ花粉症の初確認と増加

我が国においては、明治時代には花粉症は「枯草熱」の名称で紹介されていましたが、日本人における症例は長く報告されませんでした。日本初の花粉症患者の報告はブタクサ花粉症について1961（昭和36）年に報告されたものです*1。最初のスギ花粉症の報告は1964（昭和39）年になされ、栃木県日光地方で春にくしゃみ等を発症した患者を研究した結果、スギ花粉をアレルゲンとする花粉症であると結論付けられました*2。

スギ花粉症患者の数を正確に把握することは困難ですが、耳鼻咽喉科医及びその家族約2万人を対象とした全国的な疫学調査によれば、有病率は1998（平成10）年の16％から約10年

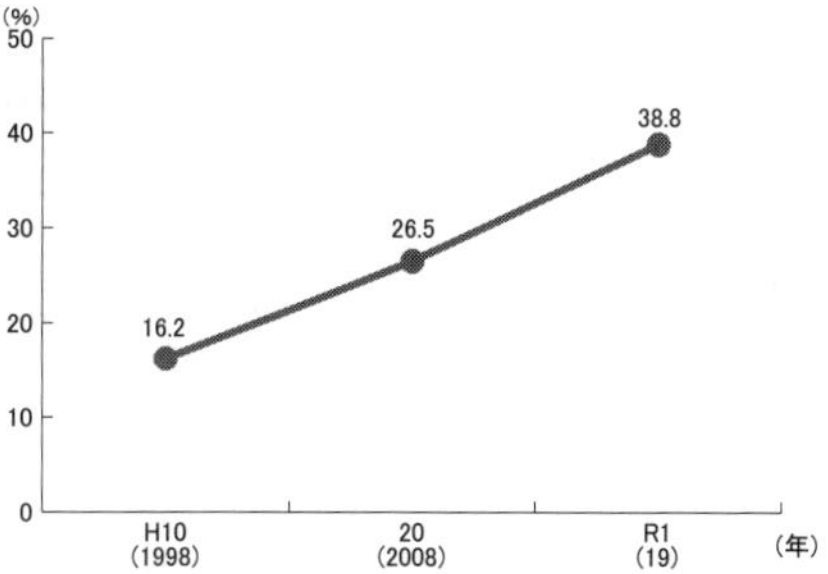

図１　スギ花粉症の有病率の推移

資料：松原篤ほか「鼻アレルギーの全国疫学調査2019（1998年、2008年との比較）：速報－耳鼻咽喉科医およびその家族を対象として－」（日本耳鼻咽喉科学会会報123巻6号(2020)）を一部改変。

ごとに約10ポイントずつ増加し、２０１９（令和元）年には39％に達していると推定されました（図１）。

花粉症を引き起こす仕組み

花粉症は、花粉によって引き起こされるアレルギー疾患の総称であり、体内に入った花粉に対して人間の身体が抗原抗体反応を起こすことで発症します。花粉が粘膜に付着すると表面や内部にあるタンパク質を放出し、アレルギー素因を持っている人の体内ではこれが抗原となって抗体が作られ、粘膜上の肥満細胞（マスト細胞）に結合します。人によって異なりますが数年から数十年花粉を浴びると抗体が十分な量になり、抗原が再侵入すると抗体がそれをキャッチして（抗原抗体反応）、肥満細胞が活性化し「ヒスタミン」や「ロイコトリエン」などの化学伝達物質が放出され、それらが花粉症の症状を引き起こします*3。

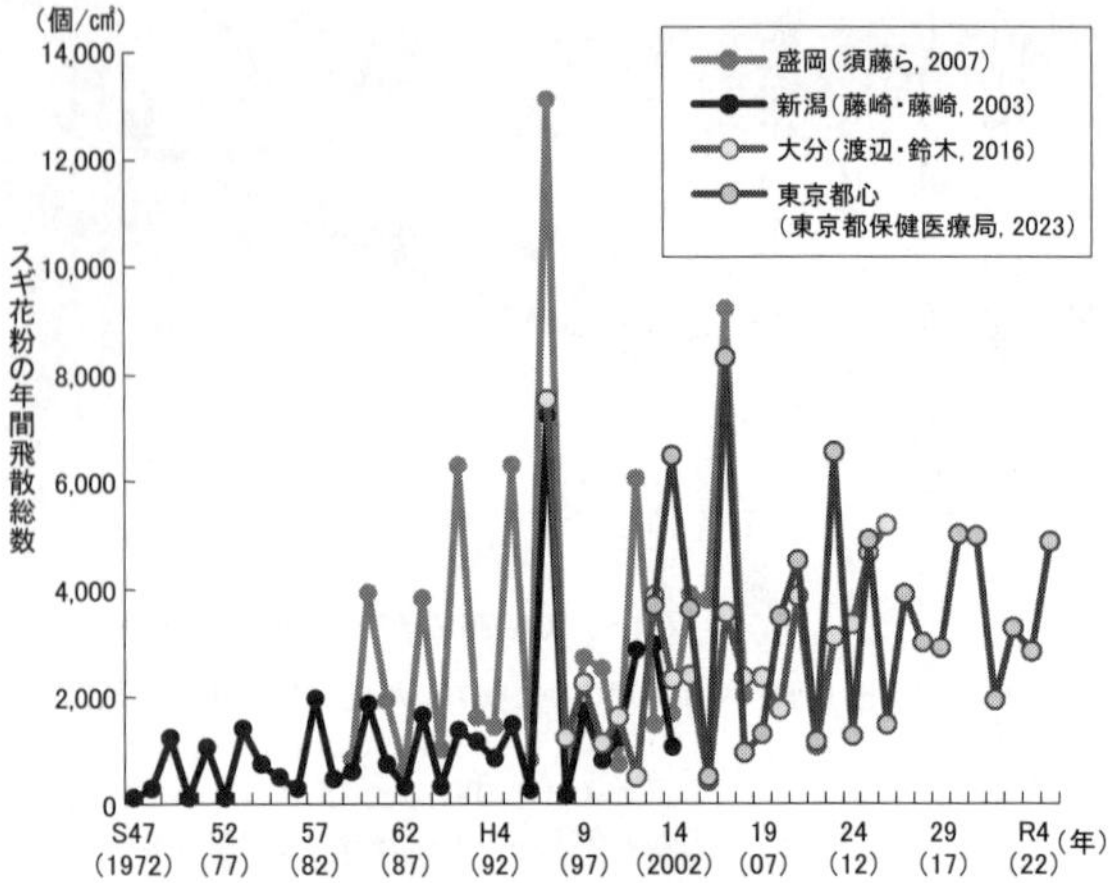

図２　スギ花粉飛散総数の推移

資料：倉本恵生「気候変動と花粉症」（環境情報科学（Vol.50 No.1）平成 29 年３月号）を一部改変。

同じ季節・場所でも症状が起こる時期や症状の強さは人によって変わりますが、一般には体内に取り込む花粉の量によって症状の強さが変わり、短期的にみれば症状の強さや新規有病者数はその年の花粉飛散量の影響を強く受けます*4。

長期的な花粉症有病率の増加の背景としては、花粉症は一度発症すると自然に症状が消えることが少ないために有病者が蓄積していくことに加え、花粉飛散量の増加（図2）や、食生活の変化、腸内細菌の変化や感染症の減少などが指摘されています。また、症状を悪化させる可能性があるものとして、空気中の汚染物質や喫煙、ストレスの影響、都市部における空気の乾燥などが

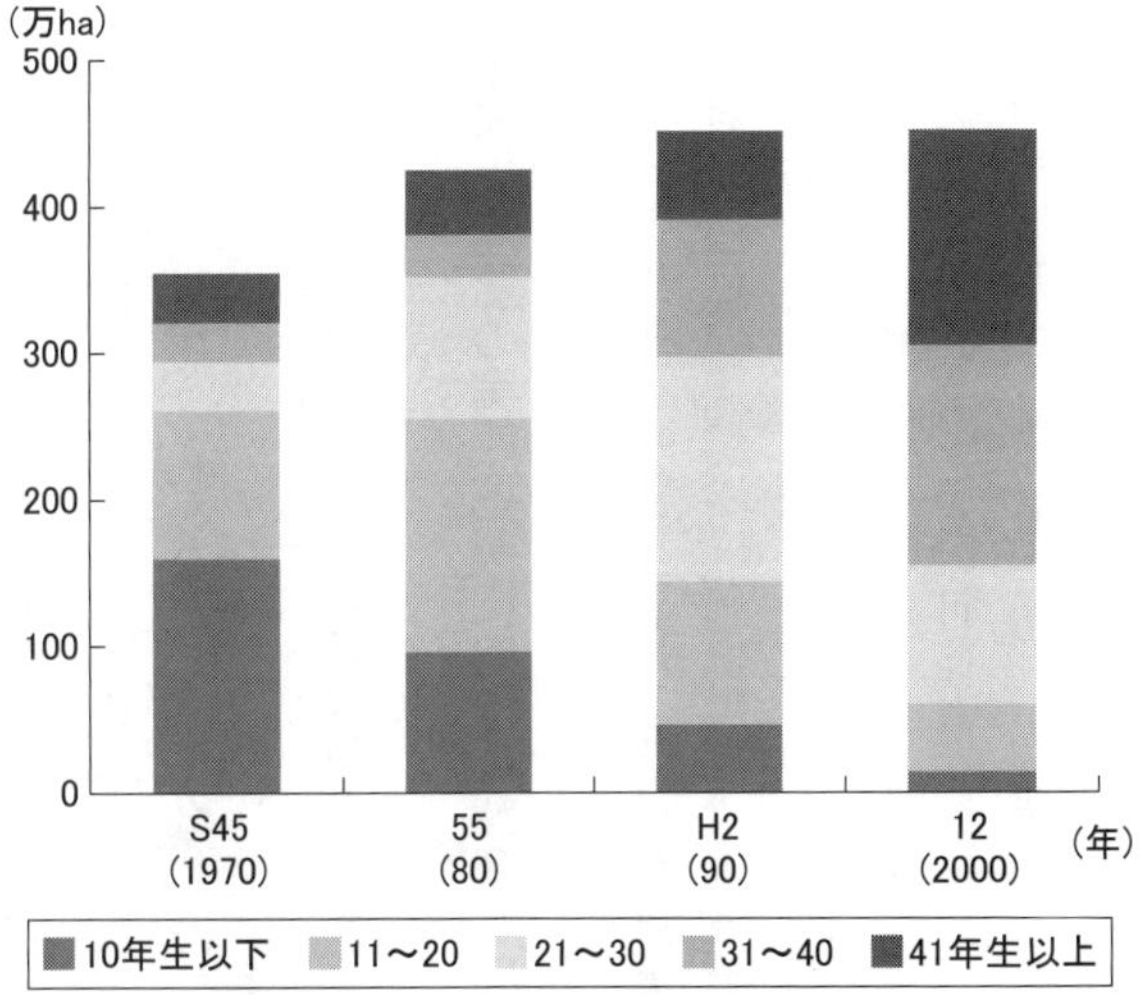

図３　スギ人工林の林齢別面積の推移

資料：ＦＡＯ「世界農林業センサス」に基づいて林野庁企画課作成

考えられています＊5。

花粉飛散量の増加の要因としては、１９７０（昭和45）年以降、スギ人工林の成長に伴い、雄花を着け始めると考えられる20年生以上のスギ林の面積が増加してきていることが考えられています（図３）。

その他の花粉症の状況

スギとヒノキはともに「ヒノキ科」であり、花粉中の主要な抗原となる物質の構造が似ていることから、ヒノキ花粉症はスギ花粉症と併発することが多いと考えられています。ヒノキは関東以西に多く植えられており、それらの地域でヒノキ花粉飛散量が多い傾向にあります。

北海道においては、スギは道南など限られた地域のみに植栽されていることからスギ花粉症患者の割合は低く、代わりに「シラカバ」や「イネ科」の花粉症患者が多い状況です*6。

これまでの花粉症・花粉発生源対策

花粉生産量の実態把握に向けた調査と成果

林野庁では1987（昭和62）年度から、花粉生産量の実態把握や飛散量予測に向けて、雄花の着生状況等を調べる花粉動態調査を実施してきました。その中で、雄花が形成される6～7月において日照時間が長く気温の高い日数が多いと着花量が増えることが判明しており、また着花量が多い年の翌年は減少する傾向がみられることから、これらの知見を活かして翌年度の飛散量を予測することが可能となりました。また、花粉生産量の推定のため各地に設けた定点スギ林において雄花着生状況を観察・判定する手法が確立され、飛散量の予測精度が向上しました。なお、2004（平成16）年度以降、環境省においても着花量を調査しており、林野

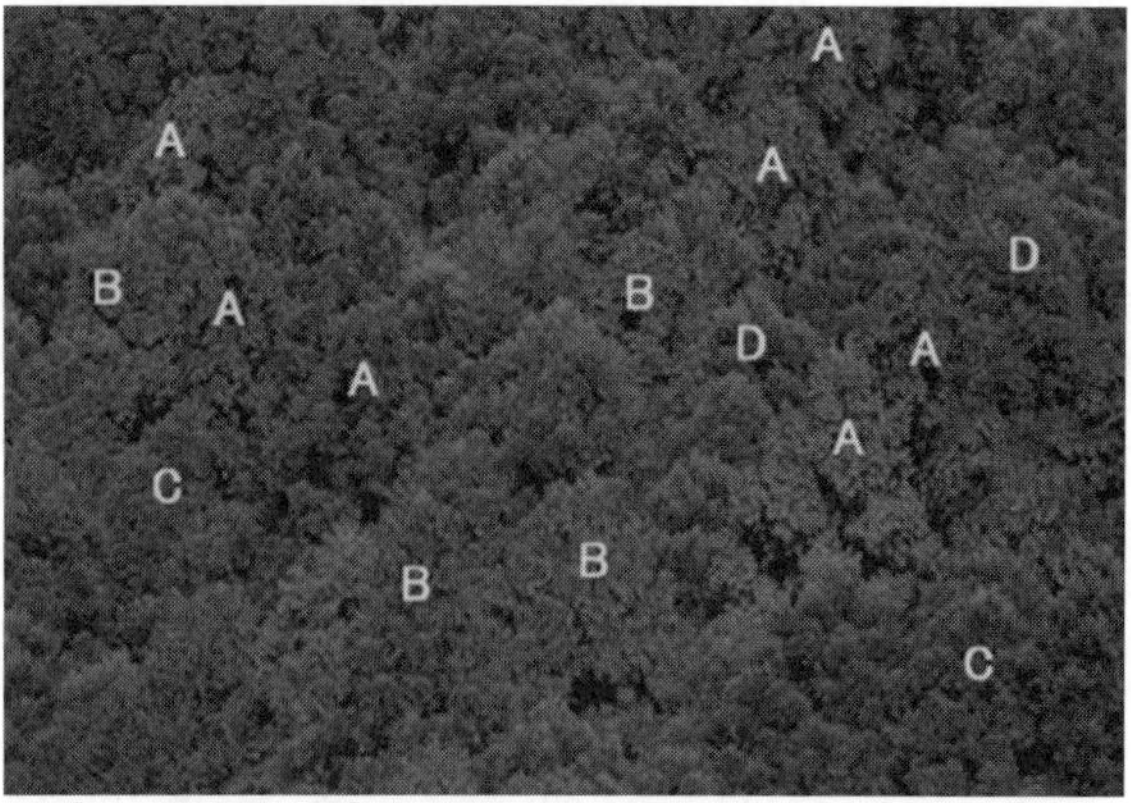

図４　定点スギ林における雄花着生状況の例

11 月中旬（観測時）の定点スギ林
雄花着生状況に応じてＡからＤに区分して表示
資料：林野庁「スギ林の雄花調査法」（2007（平成 19）年）

庁の調査結果と併せて公表しています。さらに、民間事業者が実施する花粉飛散予測の精度の向上を図るため、調査対象都道府県を全国に拡大し、調査地点を倍増することとしています。

定点スギ林の着花量は年によって変動するものの、林分内でも個体間で着花量に差があることから、雄花の着きやすさには遺伝的な要因が影響しているとみられています（図4）。

一方、林齢によって面積当たりの着花量が増減するといった明確な傾向は観察されていません。この理由として、雄花は日光の良く当たる枝（陽樹冠）に形成される性質があり、林齢が上がって面積当たりのスギの本数が減少したとしても林分全体の陽樹冠の表面積は大きく変わらないことが考えられます[*7]。そのため、間伐による密度調整や枝打ちによる下枝の除去といった森林施業では単位面積当たりの着花量を大きく削減することは期待できません[*8]。

スギ花粉症・花粉発生源対策の着手と進展

関係省庁の連携がスタート

1990（平成2）年には、社会問題化している花粉症の諸問題について検討を行うため、環境庁、厚生省、林野庁及び気象庁で構成する「花粉症に関する関係省庁担当者連絡会議」が設置されました[*9]。この中で、花粉及び花粉症の実態把握、花粉症の原因究明や対応策について連絡検討が継続されています。

花粉の少ないスギの開発に着手

「花粉の少ないスギ」とは無花粉スギ品種、少花粉スギ品種、低花粉スギ品種及びスギの特定母樹を指します。1991（平成3）年から、林野庁は花粉の少ないスギの選抜のための調査を開始しました。その結果に基づき、1996（平成8）年以降、少花粉スギ品種を開発し順次実用に供しています。また、無花粉スギ品種の開発や特定母樹の指定も進められており、各地で花粉の少ないスギの普及が進められています。

国による花粉発生源対策の取組

2001（平成13）年に施行された森林・林業基本法に基づき新たに策定された森林・林業基本計画において花粉症対策の推進が明記されるとともに、林野庁では、国や都道府県、森林・林業関係者等が一体となってスギ花粉発生源対策に取り組むことが重要であるとの観点から、関連施策の実施に当たっての技術的助言を定めた「スギ花粉発生源対策推進方針」を策定しました。

その後、林野庁では、花粉発生源対策として、①花粉を飛散させるスギ人工林の伐採・利用、②花粉の少ない苗木等による植替えや広葉樹の導入、③スギ花粉の発生を抑える技術の実用化に取り組んできたところであり、ヒノキについても同様に花粉の少ない森林への転換等を推進してきました。また、2016（平成28）年度から、花粉発生源対策として、花粉の少ない苗木や広葉樹等への植替えを促すため、素材生産業者等が行う森林所有者等への働き掛け等を支援しています。

地方公共団体による取組

首都圏の9都県市では、2008（平成20）年に「花粉発生源対策10か年計画」を策定し、現在も第二期10か年計画により、スギ・ヒノキ人工林の針広混交林化や植替えへの支援等を行っています。また、地方公共団体でも少花粉スギ品種の苗木生産や植替え等に対して支援しています。地方公共団体等の具体的な取組事例については、本書の事例編（59頁〜）でご紹介します。

さらに、2022（令和4）年には全国知事会が花粉発生源対策の推進に向けて提案・要望を行っています。

花粉の少ないスギ等の開発と苗木の増産

少花粉スギ品種の開発

着花量はスギの系統によって異なることから、1991（平成3）年以降、林野庁では、林木育種センター*[10]と都府県の参画を得て、第1世代精英樹*[11]を対象に雄花着生性の調査を実施してきました。その調査結果に基づき、花粉生産量が一般的なスギの1%以下であるものを選

一般的なスギ

少花粉スギ品種（神崎15号）

図5　少花粉スギ品種の例

写真提供：国立研究開発法人森林研究・整備機構 森林総合研究所林木育種センター

抜して、1996（平成8）年以降、少花粉スギ品種を開発しています（図5）。2024（令和6）年3月時点で147品種が開発され、現在は花粉の少ない品種の中で最も普及しています。

無花粉スギ品種の開発

1992（平成4）年に富山県で花粉を全く生産しない無花粉（雄性不稔）スギが発見されたことを契機に、全国で無花粉スギの探索が開始され、20個体以上が発見されました。その後の研究で、花粉の形成に関する遺伝子の突然変異により無花粉になること、無花粉の性質は潜性遺伝*[12]すること等が判明しました。また、各地での無花粉個体の発見確率から、自然に無花粉個体が生じる確率は6千分の1から1万分の1であること*[13]、無花粉個体は成長、材質、雪害抵抗性等の他の形質は通常個体と変わらないこと*[14]が示唆されています。

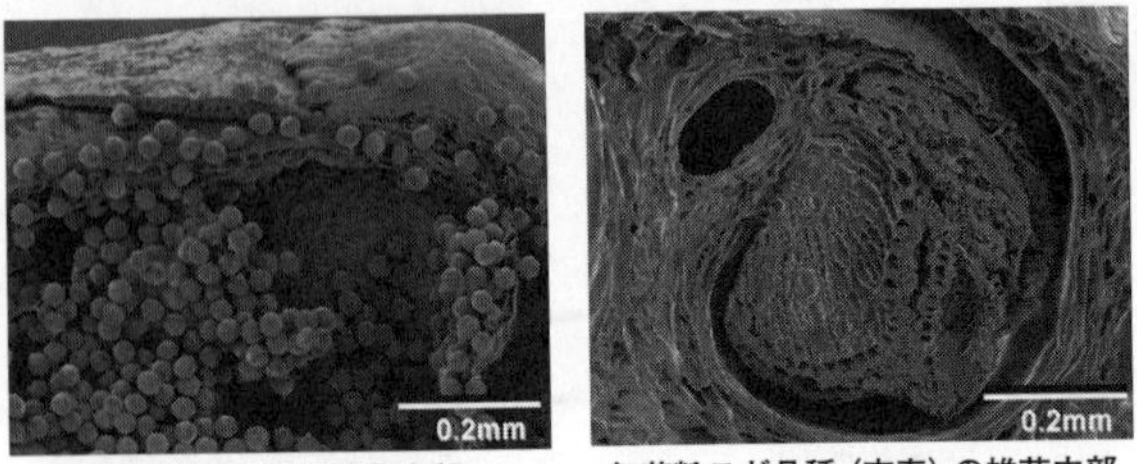

一般的なスギの雄花内部
花粉が形成されている

無花粉スギ品種（爽春）の雄花内部
花粉は形成されていない

図６　無花粉スギ品種の例

写真提供：国立研究開発法人森林研究・整備機構 森林総合研究所林木育種センター

これらの無花粉個体を種子親として、精英樹の花粉を交配して得られた個体の雄花に花粉が入っているかどうかを調べることで、花粉親の精英樹の中から、無花粉の遺伝子を持ちながら花粉を生成するものが発見されました。そのような精英樹等を活用した優良な無花粉スギ品種の開発が、林木育種センターと都県の連携により進められており、2024（令和6）年3月時点で28品種が開発されています（図6）。林木育種センターによる花粉の少ない苗木の開発状況につきましては、事例編60頁「花粉の少ない品種等の開発」をご覧ください。

なお、植栽木は自然界で長期間生育する間に様々な病虫害や気象害にさらされる可能性があることから、遺伝的多様性を確保するため、地域ごとに多様な少花粉・無花粉スギ品種が開発されています。

スギ特定母樹の指定

第1世代精英樹の交配・選抜により第2世代精英樹（エリートツリー）の開発が進展しています。2013（平成25）年に改正された「森林の間伐等の実施の促進に関する特別措置法」に基づき、これらの精英樹等の中から成長に優れ雄花着生性が低いなどの基準*[15]を満たすものが特定母樹に指定されています。2024（令和6）年3月時点で、305種類のスギ特定母樹が指定されており、特定母樹から採取された種穂から育成された苗木は特定苗木と呼ばれ、その普及が進められています。

花粉の少ない苗木の増産

開発された花粉の少ないスギを早期に普及させるためには、都道府県の採種園・採穂園*[16]における種穂の生産等、苗木生産に係る工程を短縮する必要があります。

このため、従来の採種園では母樹を植栽してから種子を採取できるようになるまで10年程度要していたところ、現在、都道府県において、ジベレリン処理等により種子生産までの期間を4年程度に短縮可能なミニチュア採種園の整備が広く推進されています。ミニチュア採種園の母樹は、植栽間隔を狭くし、樹高を低く仕立てるため、作業の効率・安全性を確保できるとい

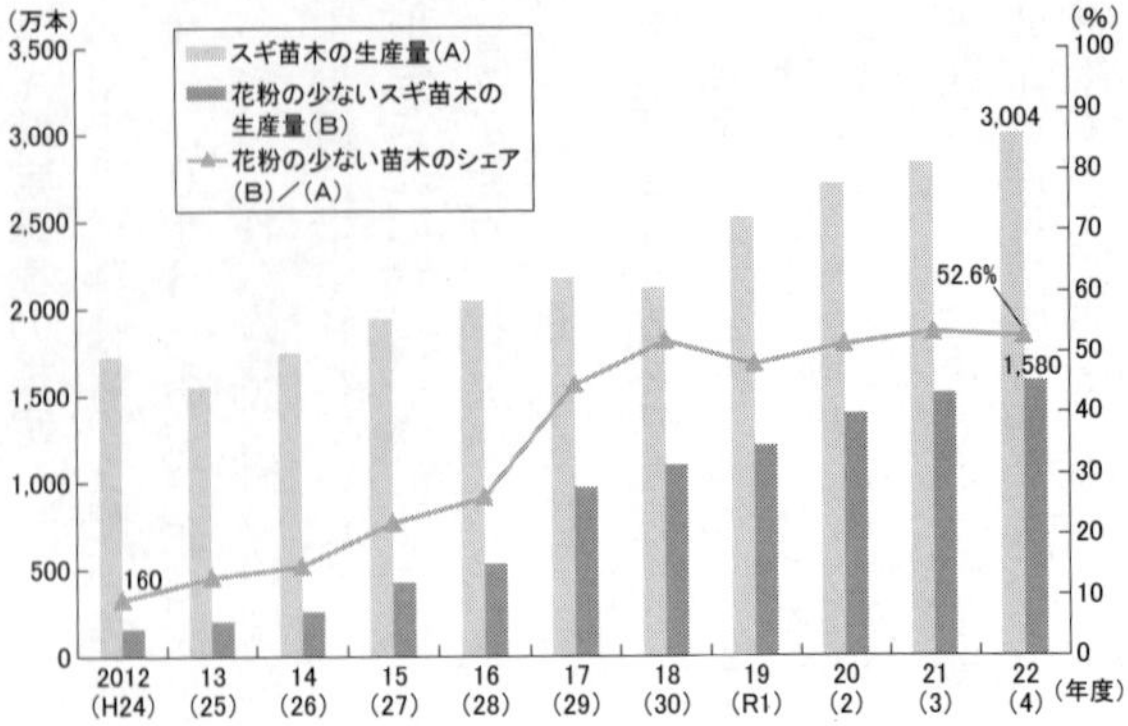

図7　花粉の少ないスギ苗木の生産量等の推移

注：2017（平成29）年度までは特定苗木を除いて集計。
資料：林野庁整備課調べ。

う利点もあります。

さらに近年は、閉鎖型採種園の整備が推進されています。閉鎖型採種園は、外部花粉の影響を防ぎ花粉の少ないスギ同士の確実な交配が可能となることから種子の質の向上が期待されるとともに、果樹で導入されている「根圏制御栽培法」を応用し、温度や水分量等を管理することで種子生産までの期間を2年程度に短縮させることが可能となっています。

また、再造林に必要な花粉の少ないスギ苗木の増産に向けてコンテナ苗生産施設の整備を推進しています。

これらの取組により、花粉の少ないスギ苗木の生産量は2022（令和4）年度（2022年秋から2023年夏）で約1600万本まで増加し、

10年前と比べ約10倍、スギ苗木の生産量の約5割に達しています（図7）。

特に、関東地方では各都県の集中的な取組により2022（令和4）年度でスギ苗木生産量の99％以上が花粉の少ないスギ苗木となっています。

なお、花粉の少ないヒノキについても品種の開発に取り組んでおり、2024（令和6）年3月時点で、少花粉ヒノキ56品種が開発、103種類のヒノキ特定母樹が指定されています。花粉の少ないヒノキ苗木の生産量は2022（令和4）年度で約200万本であり、ヒノキ苗木の生産量の約3割となっています[*17]。ヒノキについては、採種園において着花を促す薬剤処理技術等の課題があるため、採種園における種子の生産工程の短縮技術が確立されておらず、現在、増産に向けて林木育種センターが短期間で安定的に種子を生産する技術の開発に取り組んでいます。

その他の花粉症対策

スギ花粉の発生を抑える技術の開発

スギ花粉の発生を抑える技術の実用化に向けては、スギの雄花だけを枯死させる日本固有の

通常のスギの雄花

飛散防止剤（菌類）により枯死したスギの雄花

図８　スギ花粉飛散防止剤の開発

写真提供：国立研究開発法人森林研究・整備機構 森林総合研究所

菌類（Sydowia japonica（シドウィア菌））や食品添加物（トリオレイン酸ソルビタン）を活用したスギ花粉飛散防止剤の開発が進展しています。林野庁では、スギ林への効果的な散布方法の確立や散布による生態系への影響調査、花粉飛散防止剤の製品化などの技術開発等を支援しており、２０２３（令和５）年度は、空中散布の方法に関する実証試験等を支援しました（図８）。国立研究開発法人森林研究・整備機構森林総合研究所による花粉飛散防止剤の開発状況につきましては、事例編75頁「スギ花粉の飛散を抑える技術の実用化（花粉飛散防止剤）」をご覧ください。

治療法の研究と普及

花粉発生源に関する研究と並行して、大学や製薬会社等により治療法の研究が進められてきました。ヒスタミン等の化学伝達物質の影響を緩和する対症療法が開発されているほか、根本的治療に近いものとして、あらかじめ微量の抗原を繰り返し皮下注射することで花粉を取り込んだ際のアレルギー反応が減る「減感作療法」または「アレルゲン免疫療法」と呼ばれる治療法が開発されました。２０１４（平成26）年には、さらに患者の負担が少ない減感作療法である「舌下免疫療法」が承認され、効果的な治療法として普及が図られています。

「舌下免疫療法」に使用される治療薬には原材料としてスギ花粉が必要であり、治療薬の増産に向けて、花粉を採取する森林組合等と製薬会社の連携が拡大しています。

花粉発生源対策の加速化と課題

これからの花粉発生源対策

関係閣僚会議が「花粉症対策の全体像」を決定

これまで各省庁で様々な取組が行われてきましたが、今もスギ花粉症の有病率は高く、多く

対策 初期集中対応パッケージの概要

題の解決に向け、来年の花粉の飛散時期を見据えた施策のみならず、今後10 ための道筋を示す「花粉症対策の全体像」を取りまとめ（本年５月30日）。 対策の全体像」に基づき、発生源対策、飛散対策及び発症・曝露対策につい から集中的に実施すべき対応を本パッケージとして取りまとめ、その着実な

２．飛散対策	３．発症・曝露対策
●スギ花粉飛散量の予測 来年の花粉飛散時期には、より精度が高く、分かりやすい花粉飛散予測が国民に提供されるよう、次の取組を実施 ・今秋に実施するスギ雄花花芽調査において民間事業者へ提供する情報を詳細化するとともに、12月第４週に調査結果を公表【環境省・林野庁】 ・引き続き、航空レーザー計測による森林資源情報の高度化、及び、そのデータの公開を推進【林野庁】 ・飛散が本格化する３月上旬には、スーパーコンピューターやAIを活用した、花粉飛散予測に特化した詳細な三次元の気象情報を提供できるよう、クラウド等を整備中【気象庁】 ・本年中に、花粉飛散量の標準的な表示ランクを設定し、来年の花粉飛散時期には、この表示ランクに基づき国民に情報提供されるよう周知【環境省】 ●スギ花粉の飛散防止 ・引き続き、森林現場におけるスギ花粉の飛散防止剤の実証試験・環境影響調査を実施【林野庁】	●花粉症の治療 ・花粉飛散時期の前に、関係学会と連携して診療ガイドラインを改訂【厚生労働省】 ・舌下免疫療法治療薬について、まずは2025年からの倍増（25万人分→50万人分）に向け、森林組合等の協力による原料の確保や増産体制の構築等の取組を推進中【厚生労働省・林野庁】 ・花粉飛散時期の前に、飛散開始に合わせた早めの対症療法の開始が有効であることを周知 ・患者の状況等に合わせて医師の判断により行う、長期処方や令和４年度診療報酬改定で導入されたリフィル処方について、前シーズンまでの治療で合う治療薬が分かっているケースや現役世代の通院負担等を踏まえ、活用を積極的に促進【厚生労働省】 ●花粉症対策製品など ・本年中を目処に、花粉対策に資する商品に関する認証制度をはじめ、各業界団体と連携した花粉症対策製品の普及啓発を実施【経済産業省】 ・引き続き、スギ花粉米の実用化に向け、官民で協働した取組の推進を支援【農林水産省】 ●予防行動 ・本年中を目処に、花粉への曝露を軽減するための花粉症予防行動について、自治体、関係学会等と連携した周知を実施【環境省・厚生労働省】 ・「健康経営優良法人認定制度」の評価項目に従業員の花粉曝露対策を追加することを通じ、企業による取組を促進中【経済産業省】

の国民が悩まされ続けている状況となっています。

そのため、２０２３（令和５）年４月、政府は「花粉症に関する関係閣僚会議」を設置し、同年５月30日に「花粉症対策の全体像」を決定しました。その中では、花粉の発生源であるスギ人工林の伐採・植替え等の「発生源対策」や、花粉飛散量の予測精度向上や飛散防止剤の開発等の「飛散対策」、治療薬の増産等の「発症・曝露対策」を３本柱として総合的に取り組

表１　花粉症

●未だ多くの国民を悩ませ続けている花粉症問 年を視野に入れた施策も含め、花粉症解決の ●来年の花粉の飛散時期が近づく中、「花粉症 て、「全体像」の想定する期間の初期の段階 実行に取り組む。
１．発生源対策
●スギ人工林の伐採・植替え等の加速化【林野庁】 本年度中に重点的に伐採・植替え等を実施する区域を設定し、次の取組を実施 ・スギ人工林の伐採・植替えの一貫作業の推進 ・伐採・植替えに必要な路網整備の推進 ・意欲ある林業経営体への森林の集約化の促進 ●スギ材需要の拡大【林野庁・国土交通省】 ・木材利用をしやすくする改正建築基準法の円滑な施行（令和６年４月施行予定） ・本年中を目処に、国産材を活用した住宅に係る表示制度を構築 ・本年中を目処に、住宅生産者の国産材使用状況等を公表 ・建築物へのスギ材利用の機運の醸成、住宅分野におけるスギ材への転換促進 ・大規模・高効率の集成材工場、保管施設等の整備支援 ●花粉の少ない苗木の生産拡大【林野庁】 ・国立研究開発法人森林研究・整備機構における原種増産施設の整備支援 ・都道府県における採種園・採穂園の整備支援 ・民間事業者によるコンテナ苗増産施設の整備支援 ・スギの未熟種子から花粉の少ない苗木を大量増産する技術開発支援 ●林業の生産性向上及び労働力の確保【林野庁】 ・意欲ある木材加工業者、木材加工業者と連携した素材生産者等に対する高性能林業機械の導入支援 ・農業・建設業等の他産業、施業適期の異なる他地域や地域おこし協力隊との連携の推進 ・外国人材の受入れ拡大

み、花粉症という社会問題を解決するための道筋を示しています。
同年10月11日には、花粉症に関する関係閣僚会議において、「花粉症対策の全体像」の想定する期間の初期の段階から集中的に実施すべき対応を「花粉症対策 初期集中対応パッケージ」として取りまとめられました（表1）。

花粉発生源対策の目標

「花粉症対策の全体像」において、10年後の２０３３（令和15）年には花粉発生源となるスギ人工林を約２割減少させることを目標としています（図9）。これにより、花粉量の多い年でも過去10年間（２０１４（平成26）年～２０２３（令和５）年）の平年並みの水準まで減少させる効果が期待されます。また、将来的（約30年後）には花粉発生量の半減を目指すこととしています。

これを実現するため、スギ人工林の伐採量を増加させるとともに、花粉の少ない苗木や他樹種による植替えを推進することとしています。

花粉を発生させるスギ人工林の減少を図っていくためには、伐採・植替え等の加速化、スギ材の需要拡大、花粉の少ない苗木の生産拡大、生産性向上と労働力の確保等の対策を総合的に推進する必要があります（図10）。

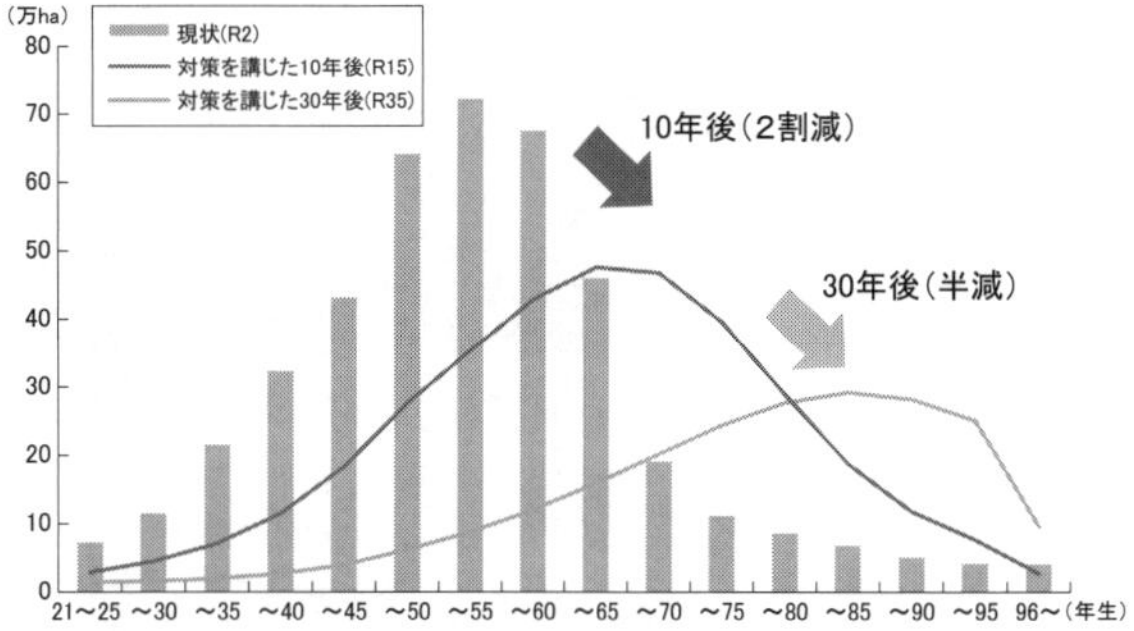

図９　花粉発生源となるスギ人工林の将来像

注１：花粉の少ないスギの人工林面積は除く。
注２：20 年生以下のスギ人工林は花粉の飛散がわずかであることから、20 年生を超えるスギ人工林を花粉発生源となるスギ人工林とした。
資料：「花粉症対策の全体像」2023（令和５）年５月 30 日 花粉症に関する関係閣僚会議決定

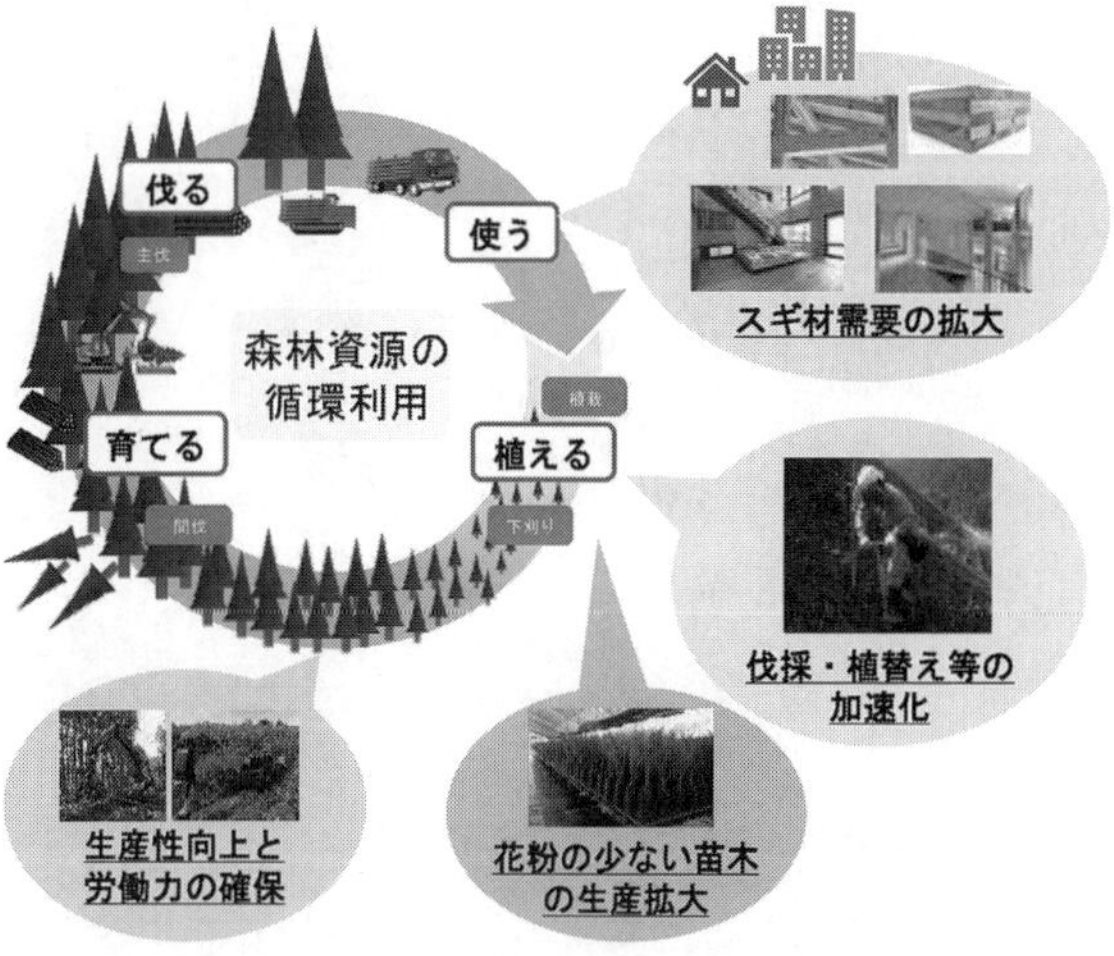

図 10　花粉発生源の減少に向けた取組

スギ人工林の伐採・植替え等の加速化

花粉発生源対策を進めるため、花粉の少ない苗木の植栽、広葉樹の導入等に引き続き取り組むとともに、「花粉症対策の全体像」を踏まえ、次の取組により伐採・植替え等を加速化させていくこととしています。

スギ人工林伐採重点区域の設定

「花粉症対策 初期集中対応パッケージ」では、人口の多い都市部周辺など*[18]において重点的に伐採・植替え等を実施する区域（スギ人工林伐採重点区域）を２０２３（令和５）年度内に設定することとされ２０２４（令和６）年2月に約98 haが設定されました。スギ人工林伐採重点区域においては、森林の集約化を進めるとともに、伐採・植替えの一貫作業の実施やそのために必要な路網整備を推進することとしています（図11）。

森林の集約化の促進

伐採・植替えの一貫作業と路網整備の推進

図 11　スギ人工林伐採重点区域のイメージ

意欲ある経営体への森林の集約化

伐採・植替え等の加速化を進めるためには、現状で林業経営体による集約化が進んでいない森林においても伐採・植替えの実施を促していく必要があります。

そのため、スギ人工林伐採重点区域内で、森林経営計画で伐採が予定されていない森林を対象に、森林経営計画の策定・変更を条件として、林業経営体による森林所有者への伐採・植替えの働き掛け等を支援し、森林の集約化を推進しています。

伐採・植替えの一貫作業と路網整備の推進

花粉発生源となるスギ人工林を減少させていくに当たっては、水源涵（かん）養機能や山地災害防止機能・土壌保全機能といった公益的機能が持続的に発揮されるよう、伐採後の適切な更新が必要です。そのため、伐採後の再造林を確実に確保する観点からも、伐採・植替えの一貫作業を推進しています。

また、路網は、間伐や再造林等の施業を効率的に行うとともに、木材を安定的に供給するために重要な生産基盤であり、これまでも傾斜や作業システムに応じて林道と森林作業道を適切に組み合わせた路網の整備を推進してきました。スギ人工林伐採重点区域においても、スギ人工林の伐採・植替えに寄与する路網の開設・改良を推進しています。
また、国有林においても、国土保全や木材需給の動向等に配慮しつつ、伐採・植替えに率先して取り組んでいます。

その他の伐採・植替えの加速化の取組

スギ人工林の伐採・植替えの加速化に際し、森林環境譲与税等を活用することにより、林業生産に適さないスギ人工林の広葉樹林化等の地方公共団体による森林整備を促進することとしています。

スギ材需要の拡大

スギ人工林の伐採・植替えを加速化する上で、スギ材の需要を拡大することは不可欠です。「花粉症対策の全体像」では、住宅分野におけるスギ材製品への転換の促進や木材活用大型建築の新築着工床面積の倍増等の需要拡大対策を進め、スギ材の需要を現状の１２４０万m³*19から10年後までに１７１０万m³に拡大することを目指すとしています。

住宅分野

我が国の木造戸建住宅の工法で最も普及している木造軸組工法において、スギを用いた製材や集成材は柱材等に一定のシェアを有し、スギを用いた構造用合板は面材に高いシェアを有しています。一方、例えば、梁や桁といった横架材では、スギよりも曲げヤング率*[20]の高い米マツの製材やヨーロッパアカマツの集成材等が好んで利用されていることなどにより、スギ材製品の利用は低位となっています。また、国内の木造の新設住宅着工戸数の約２割のシェアを占める枠組壁工法（ツーバイフォー工法）においても、枠組材としてのスギ材製品の利用は低位となっています。

このため林野庁では、国産材率の低い横架材やツーバイフォー工法部材等について、スギ材の利用拡大に向けた技術開発を進めるとともに、スギ材を活用した集成材、ＬＶＬ*[21]（単板積層材）、製材の柱材や横架材等を効率的かつ安定的に生産できる木材加工流通施設の整備を推進することとしています（図12）。あわせて、スギＪＡＳ構造材等の利用を促進することとしています。

さらに、国土交通省、林野庁及び関係団体が連携して、国産材を多く活用した住宅であることを表示する仕組みの構築や、住宅生産者による花粉症対策の取組の見える化等により、２０

スギ製材（平角）

スギと他の樹種を組み
合わせた異樹種集成材

構造用ＬＶＬ

図 12　スギを活用した建築用木材の例

図 13　国産材を活用した住宅の表示
提供：国産木材活用住宅ラベル協議会

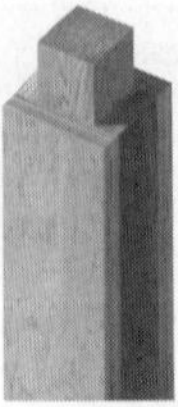

難燃薬剤処理スギＬＶＬで被覆した木質耐火部材
写真提供：一般社団法人全国ＬＶＬ協会

スギＣＬＴ（９層９プライ）の長期的な強度性能の測定
写真提供：国立研究開発法人 森林研究・整備機構 森林総合研究所

図14　スギを活用した新たな木質部材の開発

５０年カーボンニュートラルの実現や花粉症対策に関心のある消費者層への訴求力を向上していくこととしています（図13）。

非住宅・中高層建築分野

林野庁では、製材やＣＬＴ[*22]（直交集成板）、木質耐火部材等に係る技術の開発・普及や、公共建築物の木造化・木質化、木造建築に詳しい設計者の育成、標準的な設計や工法等の普及によるコストの低減等を推進しています（図14）。また、国土交通省では、耐火基準の見直しなど、建築物における木材利用の促進に向けた建築基準の合理化を進めています。

さらに、施主の木材利用に向けた意思決定に資する取組として、林野庁では、建築コスト・期間、健康面等における木造化のメリットの普及や、建築物に利用した木材に係る炭素貯蔵量を表示する取組を推進するとともに、国土交通省では、

東京おもちゃ美術館
子どもの遊ぶスペースの床にクッション性のある無垢のスギ材を使用
写真提供：特定非営利活動法人芸術と遊び創造協会（東京おもちゃ美術館）

堀切の家
スギの厚板等を用いた防火構造により木材現しの外装を実現
写真提供：桜設計集団

図 15　内外装にスギ材製品を活用した事例

さね加工により隙間が生じにくく床や家具が自作できるスギの厚板
写真提供：中国木材株式会社

スギの貫板等を使って自作できる家具デザインの普及
写真提供：杉でつくる家具公式サイト

図 16　スギ材によるＤＩＹの事例

建築物に係るライフサイクルカーボンの評価方法の構築を進めています。

内装・家具等への対応や輸出の拡大

このほか、スギ材の需要拡大に資する取組として、スギ材の持つ軽さ、柔らかさ、断熱性、調湿作用、香り等の特性を活かして建築物の内外装や家具類等にスギ材を活用する取組もみられます（図15、図16）。また、情報発信や木材に触れる体験の提供等により、スギ材を含めた木材の良さや木材利用の意義を消費者等に普及する取組も行われています。

さらに、農林水産省では、製材及び合板を重点品目として、海外市場の獲得に向けた輸出先国・地域の規制やニーズに対応した取組により輸出を促進することとしています。

需給の安定化

スギ材の供給量の増加により、一時的に木材需給の安定性に影響が生じることも想定されるため、前記の需要拡大策に加え、ストック機能強化に向けた製品保管庫や原木ストックヤードの整備を促進することとしています。また、林地残材を含む地域内の低質材の需要確保に資する木質バイオマスエネルギーの利用拡大に取り組むこととしています。

花粉の少ない苗木の生産拡大

スギ人工林の伐採・植替えに併せて、植替えに必要となる花粉の少ない苗木の生産拡大が必要です。「花粉症対策の全体像」では、10年後には花粉の少ないスギ苗木の生産割合をスギ苗木の生産量の9割以上に引き上げることを目指しています。

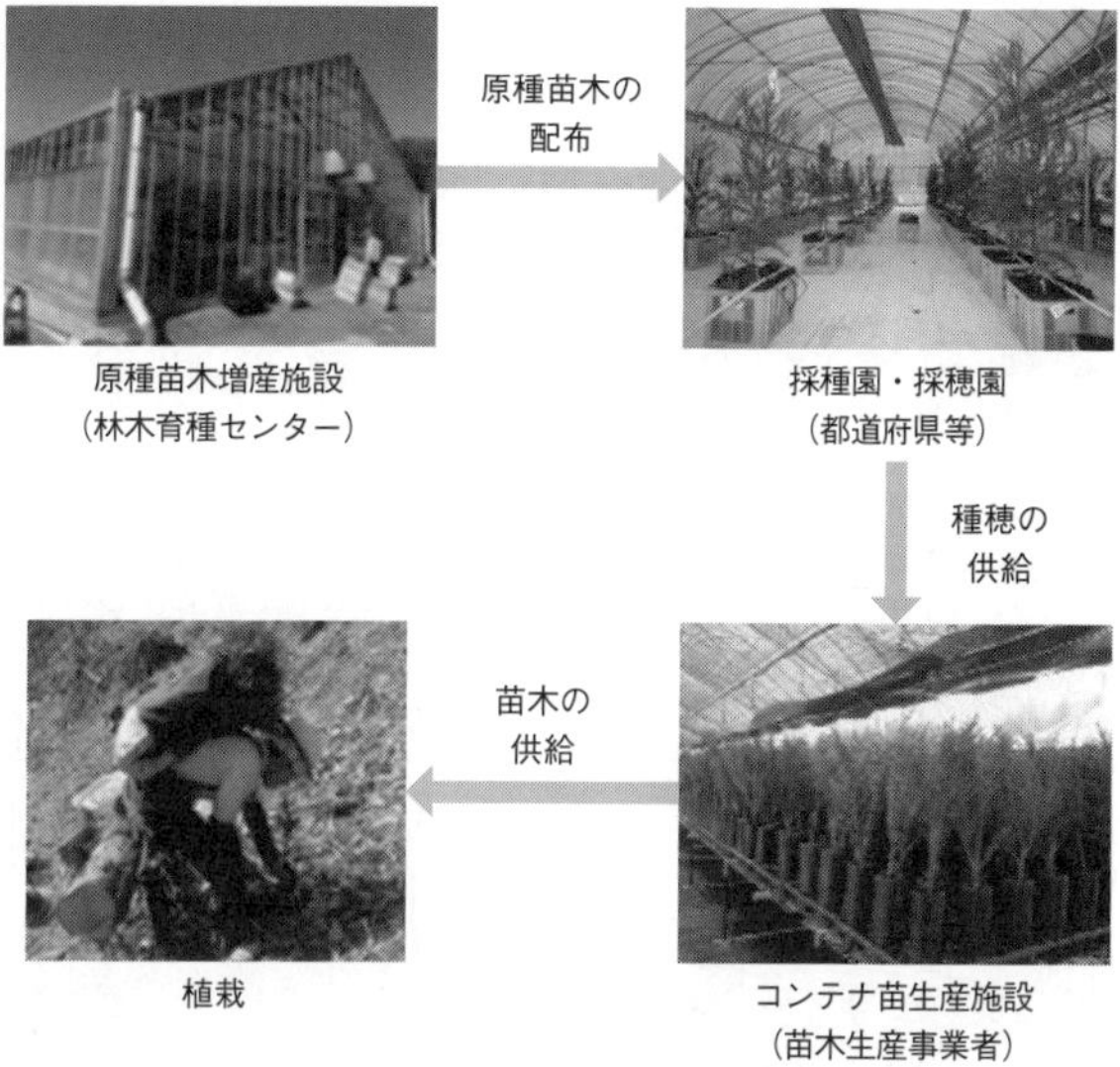

図17　花粉の少ない苗木の生産の流れ

種穂の供給及び苗木の生産体制の整備

山林に植栽する苗木を生産するには、①林木育種センターが原種園*[23]等で管理している樹木から挿し木等により原種苗木を増殖し、都道府県等へ配布する、②都道府県等はこの原種苗木を採種園・採穂園に植栽・育成して母樹とし、その母樹から採取した種穂を苗木生産事業者へ供給する、③苗木生産事業者はこの種穂から苗木を生産する、という工程が必要となります（図17）。

花粉の少ない苗木の生産拡大のためには、これらの各生産過程における生産量を増加させる必要があることから、林木育種センターにおける原種苗木増産施設、都道府県等における採種園・採穂園、苗木生産事業者におけるコンテナ苗生産施設の整備を進めるなど、官民を挙げて花粉の少ない苗木の生産体制の強化を進めています。

その他の技術開発の取組

無花粉スギ品種については、種子により生産する手法と挿し木により生産する手法がありま す。種子により生産する場合、無花粉品種同士では種子を生産できないため、無花粉スギを種子親、無花粉遺伝子を持つ有花粉のスギを花粉親として交配させます。無花粉の特性は潜性遺伝であるため、この交配により得られた種子は50%の割合で無花粉スギになります。この手法では、花粉親の候補木が無花粉遺伝子を持つかをあらかじめ判別する必要がありますが、無花粉遺伝子の有無を判別するDNAマーカー*[24]が開発されており、それを用いることでこれまでよりも判別が容易かつ広範に行えるようになり、無花粉遺伝子を持つ精英樹が全国で20以上新たに発見されています。それらの無花粉遺伝子を持つ精英樹を花粉親とすることにより、成長等に優れた無花粉スギの更なる開発が期待されているほか、多数の花粉親の候補木があることで、日本各地の多様な気候条件に適応した無花粉スギ品種の開発が見込まれています。

伐倒から造材まで行う高性能林業機械（ハーベスタ）

集材作業の遠隔操作が可能な架線式グラップルと油圧式集材機

図 18　林業の生産性向上に資する技術

さらに、花粉の少ない苗木を早期に大量に得るために、細胞増殖技術を活用してスギの未熟種子からスギ苗木を大量増産する技術の開発を推進しています。

林業の生産性向上と労働力の確保

スギ人工林の伐採・植替えを促進するためには、伐採・搬出コストや造林コストの低減を図ると同時に、その際に増加が見込まれる伐採や植替え等の事業量に対応するため、林業の生産性向上と労働力の確保が必要です。このため、「花粉症対策の全体像」では、過去10年と同程度の生産性の向上を図った上で、10年後も現在と同程度の労働力が確保されるよう取り組むこととしています。

林野庁では、生産性の向上のため、高性能林業機械の導入等を推進することとしています（図18）。

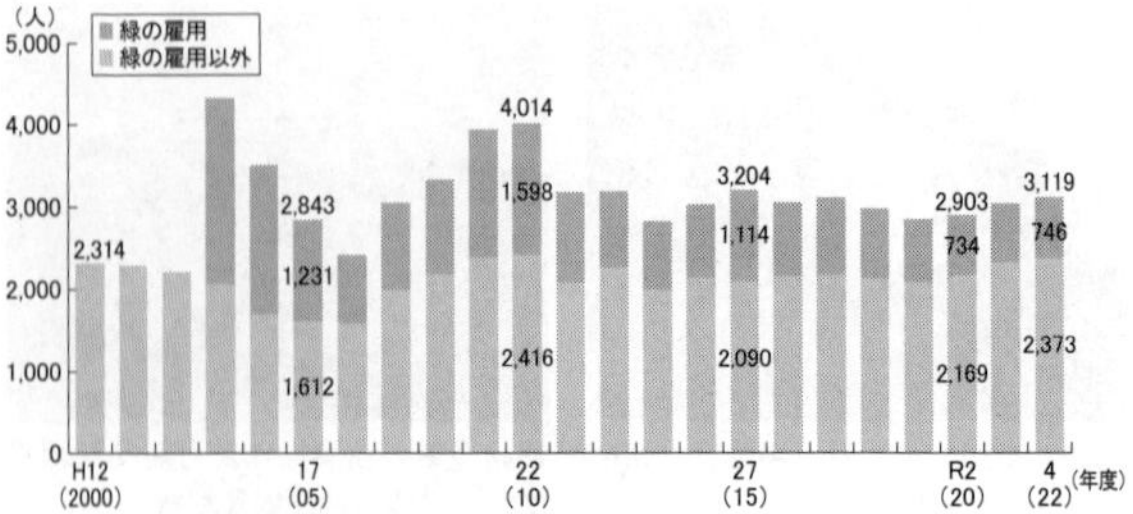

図19　新規就業者数（現場技能者として林業経営体へ新規に就業した者の集計値）の推移

注：「緑の雇用」は、「緑の雇用」新規就業者育成推進事業等による1年目の研修を修了した者を集計した値。

資料：林野庁ホームページ「林業労働力の動向」

また、労働力確保のため、新規就業者に対する体系的な研修の実施や林業への就業相談を行うイベント開催への支援等を行う「緑の雇用」事業により、新規就業者の確保・育成を図っています（図19）。

新規就業者の確保や定着率の向上のためには、林業従事者の所得水準の向上など雇用環境の改善が重要であり、林業経営体の収益力を向上させることが不可欠です。林野庁では、生産性向上による伐採・搬出コストの低減、原木供給のロットの拡大や流通の合理化等による運搬コストの低減に加え、木材の有利販売や事業体間の事業連携などこれからの経営を担う「森林経営プランナー」の育成等、収益力の向上を図る取組を推進しています。

一方で、林業における2022（令和4）年の労働災害発生率（死傷年千人率）は全産業平均の約10倍となっ

斜面での苗木運搬等を軽労化できる電動クローラ型一輪車

遠隔操作により下刈り作業を軽労化できる下刈り機械

図 20　造林・育林の軽労化等に資する技術

ており、林業従事者を守り、継続的に確保し定着させるため、安全な労働環境の整備が急務となっています。林野庁では、労働安全衛生関係法令の遵守など安全意識の向上を図るとともに、保護衣等の導入、作業の安全性向上や軽労化にもつながる林業機械の開発・導入を支援しています。

林業従事者のうち、伐木・造材・集材従事者数は近年横ばいで推移していますが、育林従事者数は減少傾向が継続しており、植替えに必要な育林従事者の確保が特に急務となっています。斜面での植栽や下刈りといった造林・育林作業は労働負荷が大きいことから、作業の軽労化等に向けた機械の開発が進められています(図20)。

また、外国人材の受入れ拡大のほか、季節により作業量が変動する農業や、機械の操作等において共通点の多い建設業等の他産業との連携、施業適期の異なる他地域との連携も、林業従事者の通年雇用化等により労働力の確保に資するものです。さらに、地域おこし協力隊との連携により、林業分野の労働力確保とともに、山村地域の定住促進・活力向上に貢献することが期待されます。

おわりに
～人と森林のより調和した関係を目指して～

森林・林業基本計画の指向する森林の状態

森林の有する多面的機能の発揮に関する目標

森林・林業基本法に基づき政府が策定する森林・林業基本計画では、森林の有する多面的機能を発揮する上での望ましい姿と、その姿への誘導の考え方を、育成のための人為の程度や森林の階層構造に着目し、育成単層林・育成複層林・天然生林という区分ごとに明示しています。さらに、将来的に指向する森林の状態も参考として示し、これに到達する過程の森林状態を同計画における5年後、10年後、20年後の目標としています。

このような区分の下、林地生産力が高く、傾斜が緩やかで、車道からの距離が近いなど自然的・社会的条件が良く林業に適した育成単層林では、主伐を行った後には植栽を行い、確実な更新によりこれを維持し、資源の循環利用を推進します。この中で、水源涵養機能又は山地災害防止機能・土壌保全機能の発揮を期待する森林では、伐採に伴う裸地化による影響を軽減するため、自然条件に応じて皆伐面積の縮小・分散や長伐期化を図るとしています。

また、林地生産力が低く、急傾斜で、車道からの距離が遠いなど林業にとって条件が不利な育成単層林は、自然条件に応じて択伐や帯状又は群状の伐採と広葉樹の導入等により針広混交林等の育成複層林に誘導します。

花粉発生源対策を含む多様なニーズを踏まえた森林づくり

多様な森林づくりを通じた花粉発生源対策への寄与

森林・林業基本計画の目指す多様な森林づくりを加速化することは花粉発生源対策につながると同時に、花粉発生源対策を強化することは森林・林業基本計画の目指す森林の姿の実現を進めることにもつながります。

林業に適した森林では、森林資源の充実を図りながら循環的な利用を促進するとともに、成長に優れ花粉の少ない苗木に植え替えることで、地球環境保全機能や木材等生産機能に優れ、かつ花粉の少ない森林に転換することが可能です。このような資源の循環利用を持続的に進めることは2050年カーボンニュートラルの実現にも貢献するものです。なお、地域の文化や伝統産業等と深く結びついている在来の品種等については、森林の文化機能を構成するものとして、各地域で適切に維持されるよう留意することが必要です。

また、林業を継続するための条件が厳しい森林では、植栽されたスギの抜き伐り等により針広混交林等に誘導することで、公益的機能を持続的に発揮し、将来の森林管理コストの低減にも寄与する森林になると同時に、花粉発生源となる樹木の割合を減らし、花粉の少ない森林へ転換させることにつながります。

人と森林のより調和した状態を目指して

戦中戦後の乱伐により荒廃した森林の回復や、戦後復興・高度経済成長に併せた木材供給力の増大といった社会的要請を背景として誕生した広大なスギ等の人工林は、長い育成期間において、国土保全機能や地球環境保全機能等の多面的機能を高め、我が国の安定的な発展に大きな役割を果たしてきました。一方で、当初予期されていなかった花粉症という社会問題が生じましたが、近年それらの森林がようやく利用期に入り、新たな森林づくりを進めるタイミングに入ったといえます。

今後は、この機運を捉え、国や地方公共団体、森林・林業・木材産業関係者の適切な役割分担の下、スギ花粉症を何とかしてほしいという国民の要請を踏まえ、花粉発生源の着実な減少と林業・木材産業の成長発展のために必要な取組を集中的に実施することが求められています。また、同時に、幅広く国民全体の理解・参画をいただきながら、木材需要の更なる拡大などに、一般消費者も含めた社会全体として取り組んでいく必要があります。

その際、行政や森林・林業関係者は、多面的機能の恩恵を受ける国民と幅広くコミュニケーションをとり、個々の森林の状況に応じて適切に整備・保全し、多様な森林がバランス良く形成されるよう取組を進めていく必要があります。

森林・林業基本計画においては、森林を適正に管理して、林業・木材産業の持続性を高めながら成長発展させることで、２０５０年カーボンニュートラルも見据えた豊かな社会経済を実現する「森林・林業・木材産業によるグリーン成長」を掲げています。森林・林業基本計画に基づく施策を着実に進め、花粉の発生による国民生活に対するマイナスの影響を減らすとともに、森林・林業が国民生活を支える上で果たす役割を高めることで、国民が森林や林業、木材利用に親しみを持って積極的に関わり、森林からより多くの恩恵を受けられる社会につなげていくことが可能になります。同時に、社会全体が森林・林業の価値を認め積極的に関わっていくことで、森林もその姿をより望ましいものに変えていくことができます。

このように、長期的な視点を持って、花粉発生源対策を含め国民の多様なニーズに対応した森林を育み、人と森林のより調和した状態を目指すことが求められています。

引用文献

＊1　荒木英斉「花粉症の研究Ⅱ　花粉による感作について」（アレルギー10巻6号（1961））
＊2　堀口申作・斎藤洋三「栃木県日光地方におけるスギ花粉症Japanese Cedar Pollinosisの発見」（アレルギー13巻1－2号（1964））
＊3　日本耳鼻咽喉科免疫アレルギー感染症学会編「鼻アレルギー診療ガイドライン－通年性鼻炎と花粉症－2020年度版」（2020（令和2）年7月改訂）
＊4　大久保公裕監修「的確な花粉症の治療のために」（2011）
＊5　環境省「花粉症環境保健マニュアル2022」（2022（令和4）年3月改訂）
＊6　環境省「花粉症環境保健マニュアル2022」（2022（令和4）年3月改訂）

＊7　梶原幹弘「スギ同齢林における樹冠の形成と量に関する研究（Ⅴ）樹冠表面積と樹冠体積」（日本森林学会誌59巻7号（1977））

＊8　清野嘉之「スギ花粉発生源対策のための森林管理指針」（日本森林学会誌　92巻6号（2010））

＊9　2023（令和5）年の構成員は、文部科学省、厚生労働省、農林水産省、気象庁、環境省。

＊10　1957（昭和32）年以降に設立された国立中央林木育種場及び各地方の国立林木育種場を前身とし、現在は国立研究開発法人森林研究・整備機構の一組織となっている。

＊11　1950年代以降、全国の人工林等から成長・形質の優れた木を選抜したもの。

＊12　ある形質を決める一対の遺伝子のうち、一方の形質に隠れて表現型として現れにくい形質を持つ遺伝様式。過去には劣性遺伝と呼ばれていたもの。

＊13　五十嵐正徳ほか「福島県でスギ雄性不稔個体を発見（Ⅰ）－探索地の選定と雄性不稔個体の確認－」（東北森林科学会誌9巻2号（2004））、平英彰ほか「スギ雄性不稔個体の選抜」（林木の育種216号（2005））、斎藤真己ほか「採種園産実生個体からの雄性不稔スギの選抜」（日本森林学会誌87巻1号（2005））

＊14　三浦沙織ら「スギ雄性不稔個体選抜地における不稔個体と可稔個体の形質の比較」（日本森林学会誌91巻4号（2009））

＊15　成長量が同様の環境下の対照個体と比較しておおむね１・５倍以上、材の剛性や幹の通直性に著しい欠点がなく、雄花着生性が一般的なスギ・ヒノキのおおむね半分以下等。

＊16　苗木を生産するための種子やさし穂を採取する目的で、精英樹等を用いて造成した圃場。

＊17　林野庁整備課調べ。

＊18　①県庁所在地、政令指定都市、中核市、施行時特例市及び東京都区部から50㎞圏内にあるまとまったスギ人工林のある森林の区域。
②上記のほか、スギ人工林の分布状況や気象条件等から、スギ花粉を大量に飛散させるおそれがあると都道府県が特に認める森林の区域。

＊19　２０１９（平成31）年から２０２１（令和３）年におけるスギの素材生産量の平均。

＊20　ヤング率は材料に作用する応力とその方向に生じるひずみとの比。このうち、曲げヤング率は、曲げ応力に対する木材の変形（たわみ）のしにくさを表す指標。

＊21　「Laminated Veneer Lumber」の略。単板を主としてその繊維方向を互いにほぼ平行にして積層接着したもの。

＊22　「Cross Laminated Timber」の略。一定の寸法に加工されたひき板（ラミナ）を繊維方向が直交するように積層接着したもの。

＊23　花粉の少ない品種等の原種を管理・保存するために整備された圃場。

＊24　ＤＮＡ鑑定において、個体間の差異を調べることができる目印となる特定のＤＮＡ配列。

事例編

花粉の少ない品種の開発

国立研究開発法人　森林研究・整備機構森林総合研究所林木育種センター育種部長
髙橋　誠

林木育種　―林業樹種の品種改良―

花粉発生源対策の1つに花粉の少ない苗木の植栽があります。国立研究開発法人森林研究・整備機構森林総合研究所林木育種センター（以下、林木育種センター）では、遺伝的な特性として花粉の少ない品種を開発し、それらの普及を進めています。本項では、花粉の少ない品種のことについて説明します。

毎春、スギ林から花粉が飛散しますが、その飛散量はスギの木に着いた雄花の量（雄花着生量）の多少によって変化します。雄花着生量が少なければ、花粉の飛散量は減少します。林地に植栽した苗木は成長して樹木になりますが、各個体の植栽した後の成長や材の強度、雄花着生量等の特性は個体ごとに異なります。この個体ごとの特性の違いには、その樹木が生育している環境の影響によるものとその樹木が有している遺伝的能力の違いによるものが含まれています。遺伝的能力の違いを明らかにして、遺伝的な特性を改良するのが「林木育種」です。

「育種」はイネやムギ等の穀物やリンゴや柑橘類、ブドウ等の果樹、ウシやブタ等の家畜、マス等の魚類といった幅広い生物種で長年行われています。育種によって生み出された品種、例えばコシヒカリやシャインマスカットといった食品は人間生活を豊かにすることに貢献しています。あまり一般の方には知られていませんが、このような育種が林業樹種（林木）においても「林木育種」として行われています。林木育種は、日本だけでなく海外でも取り組まれています。ホームセンターなどでニュージーランドから輸入されたラジアータパインで造られた製品や材を目にすることがあるかもしれませんが、これも林木育種により改良されたものです。

日本における国家的規模での林木育種の始まりは昭和30年頃まで遡ります。林野庁は1954（昭和29）年に「精英樹選抜による育種計画」という通達を発出し、これにより国有林での「精英樹」の選抜が始まりました。「精英樹」とは、成長や形質が優れた樹木のことです。その後、この精英樹選抜は民有林にも拡大していきました。そこで選抜された精英樹が現在も林木育種の最も基幹となる「育種素材」となっています。本稿で順次説明していく「花粉の少ない品種」も精英樹の中から選ばれたものです。「林木育種」あるいは「精英樹選抜育種事業」の詳細については、Takahashi et al.（2023）や高橋（2024）、栗田（2024）に書かれていますので、より詳しく知りたい方はそちらを参照ください。

ここでは、林木育種における最も基本となる3つのことについて記します。3つのこととは「特性評価」、「選抜」、「交配」です。先にも述べましたが、成長や雄花着生性といった特性には、環境と遺伝が影響しますが、遺伝的な改良のためには環境の影響を取り除いて遺伝的な特性を明らかにする必要があります。環境の影響を取り除く工夫をしながら特性を評価するのが「特性評価」です。特性評価により特性値を明らかにし、その情報に基づいて望ましい個体を選びます。これが「選抜」です。花粉の少ないものを選抜しようとする場合、雄花着生性に注目し、雄花の着き方が少ない種類（系統）を選べばよいのですが、選抜された後に林業用苗木として利用することを考えると、それ以外にも成長や材質といった林業に関係する特性にも配慮して選抜を進める必要があります。特性の優れた系統を複数選抜した後、それらの優れた系統同士を掛け合わせて、後代の個体を作出します。これが「交配」です。交配親の優れた特性が遺伝することで、さらに優れた系統を創り出すことをめざします。林木育種を進める上では、「特性調査」、「選抜」、「交配」のそれぞれが重要です。

花粉の少ない品種とその種類

現在の花粉発生源対策は林野庁が策定した「スギ花粉発生源対策推進方針」の下で推進しています。この「スギ花粉発生源対策推進方針」のなかで、スギ林からの花粉飛散を低減させるために用いる複数の花粉の少ない品種が定められています。ここでは、その種類とそれらの特性について記します。

無花粉スギ品種：花粉を全く生産しない特性及び林業用種苗として適した特性を有するもの。

少花粉スギ品種：平年では雄花が全く着かないか、又は極めて僅かしか着かず、花粉飛散量の多い年でもほとんど花粉を生産しない特性及び林業用種苗として適した特性を有するもの。

低花粉スギ品種：雄花の着花性が相当程度低い特性及び林業用種苗として適した特性を有するもの。

特定母樹：「森林の間伐等の実施の促進に関する特別措置法」（間伐等特措法）第2条第2項において、特に優良な種苗を生産するための種穂の採取に適する樹木であって、成長に係る特性の特に優れたものであり、①成長量は、在来の系統と比較して1・5倍以上の材積、②材の剛性は、同様の林分の個体の平均値と比較して優れていること、③幹の通直性は、曲がりが全くないか、曲がりがあっても採材に支障がないもの、④花粉量が一般的なスギのおおむね半分以下の基準を満たしたもの。

森林からのスギ花粉の飛散量を減少させるためには、花粉の発生源となっているスギ林を伐採することが必要となります。その一方で、急峻な山地が多い日本においては、土砂流出や水害等の災害を防止する観点から伐採後に新たに森林を整備することが重要です。スギ花粉発生源対策推進方針では、森林の再整備にあたっては、花粉の少ない苗木の植栽や広葉樹林化といった方法によるとしています。林地に植栽する花粉の少ない苗木を生産するためには、その元となる種子や穂木（穂木はさし木苗を生産するためのさし穂として用います。）が必要となります。これらの種子や穂木を生産するために、都道府県等は採種園（種子を生産するための樹木園）や採穂園（穂木を生産するための樹木園）を整備・管理しています。上記の花粉の少ない品種は、花粉の少ない苗木を生産するための採種園や採穂園に導入されて、種子や穂木の生産のために利用されています。「令和５年度森林・林業白書」（林野庁 ２０２４）によると、２０２２（令和４）年度のスギの山行き苗木本数は３００４万本でしたが、その52・6％にあたる１５８０万本が花粉の少ないスギ苗木であったとされています。

着花指数1～2
非常に少ない個体

着花指数3
普通の個体

着花指数4～5
非常に多い個体

図１　スギの系統による雄花の着き方の違い

林木育種センター業務資料より

少花粉スギ品種の開発

ここでは、現在最も普及が進んでいる少花粉スギ品種について説明します。2023（令和5）年3月末現在、日本全国で147の少花粉スギ品種が開発されており（林木育種センター 2023）、全国のスギの採種園や採穂園に導入されています。スギの雄花着生量には、遺伝的に多いもの、少ないものがみられます（図1）。スギ花粉症が社会問題として顕在化しつつあった1991（平成3）年度から林野庁の委託事業としてスギの雄花着生性についての調査が始まりました。調査は、スギの精英樹を対象に、これら精英樹が植栽されている15年生以上の検定林（試験林）で複数年にわたって雄花の自然着花の状態について調査が行われました。スギは年によって雄花が多く着く年と少ない年がみられます。このため、総合指数という雄花着生量を評価する指数（1~5の5段階の指数で、1は雄花が着いていないことを、5は雄花が非常に多く着いていることを表します）を用いて原則として5年以上調査し、総合指数の平均が1・1以下のものが少花粉品種となっています。これは、いずれの年も雄花がないか、あってもごくわずかで少ないものであることを意味します。精英樹は、基本的に林業に適するものが選ばれていますので、少花粉スギ品種は、林業に適し、なおかつ花粉が少ないスギと言えます。

スギの第1世代精英樹からの少花粉品種の開発は既に終えており、現在は第2世代精英樹であるエリートツリーから少花粉品種を開発すべく、エリートツリーを対象として雄花着生性の調査が進められています。

無花粉スギ品種の開発

無花粉スギ品種は、文字通り花粉がないスギのことです。一般には無花粉スギと言われることが多いですが、学術的には雄性不稔スギと言います。無花粉というと、雄花を着けないスギを想像する方もいるかもしれませんが、無花粉スギも雄花は着けます。ただし、雄花の中に花粉は作られません（図2）。このため、花粉は飛散しません。初めて無花粉スギが発見されたのは1992年のことです。富山県においてスギの花粉飛散時期の調査を行っているなかで、雄花は着けているものの花粉を飛散しないスギが見つけられ、詳しく調査することによってその後、雄性不稔という遺伝的な要因で花粉が正常に形成されないスギであることが明らかになりました。この雄性不稔という性質は1つの遺伝子によって支配されており、メンデルの法則にしたがって潜性遺伝します（花粉を正常に形成する遺伝子をA、花粉を形成しない遺伝子をaとす

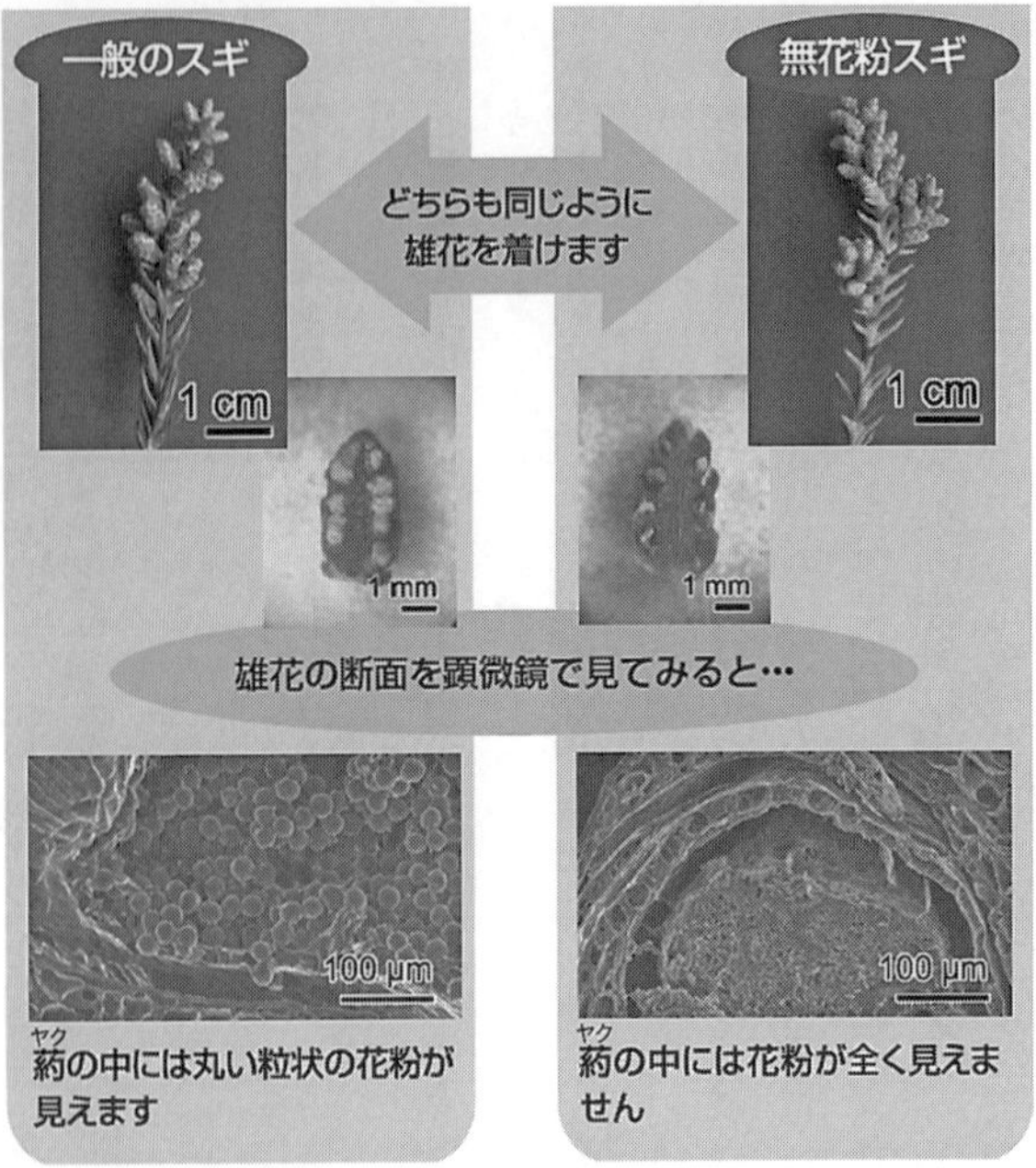

図２　一般のスギと無花粉スギの雄花と雄花内部の比較

林木育種センター業務資料より

ると、遺伝子型がAAとAaの個体は花粉を形成し、遺伝子型がaaの時にのみ花粉を形成しない個体になるという遺伝）。２０２３（令和５）年３月末現在、全国で25の無花粉スギ品種が開発されています（林木育種センター２０２３）。無花粉スギの普及には、実生苗（種子から生産する苗木）による方法とさし木による方法があります。無花粉スギは雄性不稔のため花粉は作りませんが、雌花は正常なため種子を作ることができます。無花粉スギ（aa）を無花粉の遺伝子をヘテロ（Aa）で持ったスギと交配すると、得られる苗木のおよそ半分は無花粉（aa）になります。スギは植物ホルモンのジベレリンを適期に散布することで、苗木にも雄花をつけることができます。ジベレリンを処理した後、雄花に花粉が形成されるかを、苗畑で育苗している段階で調査して無花粉スギ苗木のみを選別することが可能です。この調査には多くの労力を要しますが、この方法により、無花粉の実生苗が生産されています。富山県や神奈川県等の一部の地域で、すでに無花粉スギ苗木の普及が進んでおり、今後普及が拡大していくものと見込まれます。

特定母樹について

気候変動への対応として森林による二酸化炭素の吸収（森林吸収源）が重要です。間伐等特措法は、森林の間伐や適切な管理を通じて、森林の二酸化炭素吸収能力を保全・強化することを目的としており、２０１３（平成25）年の改正時に森林吸収源の強化に資するものとして特定母樹制度が設けられました。特定母樹の指定基準は前述のとおりで、成長が優れたものが指定されていますが、指定基準の１つに雄花着生性にかかる項目も含まれており、特定母樹は一般的なスギと比較して花粉量がおおむね半分以下のものとなっているため、花粉が少ない品種に位置付けられています。２０２３（令和５）年３月末現在、３０５のスギ特定母樹が指定されており、その約６割にあたる１７６はスギエリートツリーから指定されています。特定母樹は、雄花着生量が少なく、また成長に優れることから、スギ花粉発生源対策の推進とともに、森林・林業基本計画で掲げられている、収支のプラス転換を目指す「新しい林業」の実現にも貢献することが期待されます。

花粉の少ない品種の普及

林木育種センターは、少花粉スギ品種や無花粉スギ品種等の優良品種を開発しています。開発された優良品種が、実際の森林整備の現場で役立つためには、まずこれらの優良品種が採種園や採穂園に導入されることが第一歩となります。このため、林木育種センターでは、都道府県等の要望に応えて少花粉スギ品種等をさし木やつぎ木によりクローン増殖した苗木（原種苗木）やクローン増殖用の穂木を生産・配布しています。林木育種センターでは、２０２２（令和４）年度に２万６７７４本の原種苗木を生産・配布しましたが、その約９割にあたる１万８０５７本が少花粉スギ品種や特定母樹等の花粉の少ない品種でした。配布された原種苗木は、都道府県等が造成した採種園や採穂園に植栽され、花粉の少ない苗木の生産のための種子や穂木の生産に役立てられています。

花粉発生源対策推進のための技術開発

本稿では、花粉発生源対策の推進に貢献するための林木育種分野の取組について紹介してきました。すでに花粉の少ない品種の普及は進んでいますが、今後に向けては、エリートツリーからの少花粉品種の開発、より多様な無花粉品種の開発を促進することが必要です。これらに関連した2つの研究について概要を紹介します。

1つ目は無花粉の遺伝子を保有しているかどうかを判定できるＤＮＡマーカーの開発についてです。スギを無花粉にする遺伝子として4種類の遺伝子が知られています。それらのいずれか1つの遺伝子で無花粉となる遺伝子型（aa）になると、そのスギは無花粉になります。現在普及している無花粉スギは4種類の無花粉遺伝子の1つ、*MS1*という遺伝子で無花粉になるものです。この無花粉遺伝子についての研究が最も先行して進んでおり、開発したＤＮＡマーカーを用いてＤＮＡ分析を行うことにより、無花粉遺伝子をホモ（aa）で持っているか、ヘテロ（Aa）で持っているか、持っていないか（AA）を高い精度で判定することができます。無花粉スギを実生苗で普及するためには優れた無花粉品種（aa）とともに、花粉親として用いる特性の優れたヘテロ（Aa）の個体が必要となります。ヘテロ個体は花粉を形成するため見た目では無花粉遺伝子を持たない個体（AA）と区別がつかないため、従来は交配試験を行って後代の苗木のなかから無花粉の苗木がでてくるかどうかを調査しなければヘテロであることを明らかにできませんでした。このため、ヘテロの判定のために多くの労力と時間を要していましたが、現在ではＤＮＡ分析を行うことにより数日程度で無花粉遺伝子を保有しているかどうかを明らかにできるようになりました。このＤＮＡマーカーは成長等の優れた新たな無花粉スギの開発を促進するために大いに役立っています。

２つ目はゲノム編集技術による無花粉スギの作出についてです。無花粉スギは、花粉形成に関係する遺伝子の１つである *MS1* などの遺伝子に突然変異が生じたために、花粉が正常に作られなくなったものです。この突然変異は自然界では世代あたり十万分の１から百万分の１程度のごく低頻度ではありますが、自然に生じています。ゲノム編集とは、狙った遺伝子に意図的にこの突然変異を生じさせる技術です。ゲノム編集は、スギだけでなく、ポプラなどの他の樹木や、イネ等の穀物、ウシ等の家畜、フグ等の魚類等の多様な生物で研究が行われ、トマトや魚類では既に実用化されています。スギでは、通常のスギをゲノム編集により無花粉化するための研究が進められています。ゲノム編集の利点は、エリートツリー等の優良なスギに無花粉の特性を付与できることです。研究を進めたことにより、2023年にゲノム編集により無花粉スギを作出することに成功しています。ゲノム編集には複数の方法がありますが、現在のゲノム編集により作出した無花粉スギは遺伝子組換えを伴う方法により作出されており、外来の（他の生物種に由来した）遺伝子が組み込まれ遺伝子組換え生物に該当します。遺伝子組換え生物の取扱いについては、「遺伝子組換え生物等の使用等の規制による生物の多様性の確保に関する法律（カルタヘナ法）」を遵守する必要があるため、ゲノム編集で作出した無花粉スギを普及して野外での植栽・育成に利用するためには、外来の遺伝子の除去等、事前に行うべき調査や満たすべき要件があります。このため、現時点ではゲノム編集により作出された無花粉スギをすぐに利用することはできませんが、現在ゲノム編集により作出された無花粉スギの普及に向けて必要な調査・研究が進められています。ゲノム編集について、さらに詳しい情報を知りたい方は、小長谷（2022）や小長谷（2023）をご覧ください。

引用文献

小長谷賢一（2022）バイオテクノロジーを活用した林木育種の可能性．森林科学96：12～15．

小長谷賢一（2023）ゲノム編集．林業改良普及双書№205「新しい林業を支えるエリートツリー―林木育種の歩み―」，森林総合研究所林木育種センター編著，213～221．

栗田学（2024）エリートツリー開発の流れと特定母樹としての普及．林業改良普及双書№205「新しい林業を支えるエリートツリー―林木育種の歩み―」，森林総合研究所林木育種センター編著，30～49．

林木育種センター（2023）令和5年版年報．158ページ．

林野庁（2024）令和5年度森林及び林業の動向．215ページ．

Takahashi M, Miura M, Fukatsu E, Kurita M, Hiraoka Y (2023) Research and project activities for breeding of *Cryptomeria japonica* D. Don in Japan. Journal of Forest Research 28（2）：83‐97．

高橋誠（2024）林木育種とは．林業改良普及双書№205「新しい林業を支えるエリートツリー―林木育種の歩み―」，森林総合研究所林木育種センター編著，14～28．

スギ花粉の飛散を抑える技術の実用化（花粉飛散防止剤）

国立研究開発法人　森林研究・整備機構森林総合研究所きのこ・森林微生物研究領域　主任研究員
髙橋　由紀子

花粉飛散防止剤―即効性のある花粉発生源対策

１９６４年に栃木県日光地方で初めてスギ花粉症が報告されてから（堀口・斎藤　１９６４）、２０２４年で60年になります。１９８０年代初めには東京都内で花粉症患者が多発して社会問題として認識され始めました（東京都衛生局　１９９８）。アレルギー性鼻炎に関する全国疫学調査が行われた１９９８年には、スギ花粉症の有症率は17・３％でしたが（馬場・中江　２００８）、２０１９年には38・８％となり（松原ら２０２０）、増加の一途をたどっています。

花粉発生源対策として、伐期を迎えたスギ人工林の伐採・利用と少花粉品種や広葉樹への転換が進められてきましたが（林野庁 2016）、伐採や植替えには多くの時間と労力を要します。その一方で、対策を急いで一挙に伐採を進めると、森林の保水機能が低下し、地滑りや土砂崩れなどの災害が発生するリスクが増加します。また、スギは人工林だけでなく天然生のものもあり、中には天然記念物などの文化財に指定されていたり、自然公園として保護指定されていたりするものもあります。このため、全てのスギを伐採し植替えるというわけにも行きません。

このような背景から、即効性があり、伐採を伴わない花粉発生源対策として期待されるのが「花粉飛散防止剤」です。花粉飛散抑制剤の研究は1990年代には既に探索研究が始まり、代表的なものとして、植物成長阻害剤のマレイン酸ヒドラジドコリン塩（橋詰・山本 1992）、ジベレリン生合成阻害剤のウニコナゾールP（篠原ら 2001）やトリネキサパックエチル液剤（スサーノマックス液剤、シンジェンタジャパン株式会社）（西川ら 2008）、脂肪酸エステル剤のトリオレイン酸ソルビタン乳剤（パルカット、日油株式会社）（小塩・平塚 2016）、微生物農薬の *Sydowia japonica*（シドウィア・ヤポニカ（シドウィア菌））（森林総合研究所 2017）等が開発されています。これらは、作用機作、施用時期、環境への影響、散布時期に違いがあり、それぞれに長所と短所を持っています（表1）。化学農薬は安定した効果が期待できる反面、植物ホルモンの生合成に作用する植物成長調節剤はスギ・ヒノキ以外の植物にも広く作用してし

表1　花粉飛散防止剤の種類とその特徴

農薬の種類	マレイン酸ヒドラジドコリン塩	ウニコナゾールP	トリネキサパックエチル液剤	トリオレイン酸ソルビタン乳剤	シドウィア剤
農薬名称	未登録[1]	未登録[2]	スサーノマックス液剤	パルカット	未登録[3]
分類	植物成長調節剤	植物成長調節剤	植物成長調節剤	植物成長調節剤	微生物製剤
作用機作	オーキシン生合性阻害	ジベレリン合成阻害	ジベレリン合成阻害	プログラム細胞死	感染枯死
施用時期	花芽分化期～花芽形成初期（7月下旬頃）	花芽分化以前（6月頃）	花芽分化以前～花芽形成期（6月中旬～8月上旬頃）	四分子細胞期（8月下旬～9月頃）	花粉成熟期（10月下旬～12月）
施用回数	2～3回	1回	1回	1回	1回
散布機材の繁閑	繁忙期（水稲、松くい虫等）	繁忙期（水稲、松くい虫等）	繁忙期（水稲、松くい虫等）	概ね閑散期	閑散期
宿主・対象選択性	低（他の植物にも影響がある）	低（他の植物にも影響がある）	低（他の植物にも影響がある）	高（スギ雄花にのみ作用）	高（スギ雄花以外に感染しない）
安全性	製剤中に有害なヒドラジンが混在し、高温条件下で保存すると含有量が増加する	特定標的臓器毒性（反復暴露）	中毒治療法未確立	食品添加物でヒトへの影響低い	環境、ヒトへの影響低い
参考文献	橋詰・山本 1992	篠原ら 2001	西川ら 2008	小塩・平塚 2016	窪野 2014

1）　ニンニクやタマネギ、バレイショ、テンサイの萌芽抑制剤、ブドウの新梢成長抑制剤として登録があった（エルノー）が、現在は登録なし。

2）　水稲の徒長防止剤・倒伏防止剤、イチゴの徒長防止剤、テンサイ、キャベツ、レタス、タマネギの伸長抑制剤として登録がある（ロミカ粒剤、コープショート（複合肥料）ほか48件）が、スギ（すぎ）では登録なし。

3）　現在登録に向けた安全性試験等を進めている。

まうという短所があります。一方、雄花の細胞死を誘導するパルカットや雄花そのものに感染して枯死させるシドウィア剤は、他の植物には作用しないという長所があります。さらに、シドウィア剤は一旦雄花にシドウィア菌が感染すると翌年以降の感染源にもなりうることから、条件が良ければ複数年にわたる花粉飛散抑制効果が期待できます。しかし、生き物を利用しているが故に、生育環境による影響を受けやすく、高温や乾燥によって死滅してしまい、十分な効果が得られないこともあります。特徴や施用時期の異なる様々な花粉飛散防止剤の長所と短所を理解し、組み合わせて使用することで、総合的な花粉症対策が期待できます。

菌類を用いたスギ花粉飛散防止剤

2024年現在、農薬として登録の受けたものは、スサーノマックス液剤とパルカットの2剤（農薬登録情報提供システム2024）で、森林総合研究所の開発したシドウィア剤も農薬登録に向けた試験等を進めています。

シドウィア剤は、自然界に存在するスギの雄花に寄生するカビの一種であるシドウィア・ヤポニカの胞子（図1）と、その胞子を乾燥から保護しながら雄花への付着性を高める役割を持

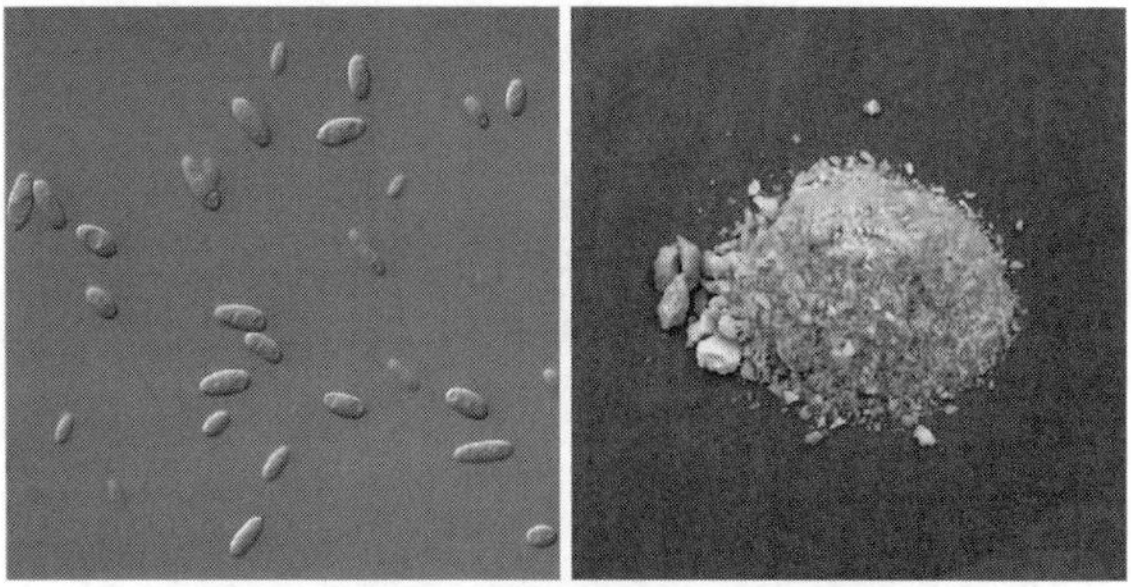

図1　シドウィア・ヤポニカの培養胞子

左は顕微鏡下で拡大した胞子、右は乾燥粉末化した胞子製剤。

つ植物油脂（大豆油）、油と水を混ざりやすくする乳化剤（大豆レシチン）を主成分とします。シドウィア菌は植物病原菌でありながらも、スギ雄花にのみ感染し、枝葉などの他のスギの組織を侵さないことから、微生物を用いたスギ花粉飛散防止剤の候補として選ばれました（高橋ら２０２２）。シドウィア菌はこれまで、北海道道南地域から鹿児島県屋久島までの35道府県で確認されており（高橋２０２０）、特に日本海側の多雪地域を中心に生息しています（Masuya et al. ２０１８）。自然界でこの菌は、秋に、前年に感染したスギ雄花上に作られた胞子が風や雨滴によって新しくできた雄花に飛散して感染します（図2）。雄花の表面についた胞子が発芽し、菌糸を伸ばして雄花の隙間から中に入り込むと、花粉の詰まった花粉嚢にとりつき、花粉を栄養源にして生育します（Hirooka et al. 2013a）。シドウ

図２　シドウィア・ヤポニカに自然感染したスギ雄花

前年の感染雄花を感染源として、その年に新しくできた雄花に胞子が飛散し、感染した雄花は褐色に変色して枯死する。

ィア菌によって花粉を〝食べ〟られ、枯死させられた雄花は開花せず、花粉も飛散しません。枯死した雄花の一部はそのまま枝に残り、成熟して胞子をつくり、翌年の感染源になります。一方、宿主のスギの雄花の着花量は年によって大きく変動しますので（森林総合研究所　２０１６）、シドウィア菌がたくさん感染した雄花があっても、翌年の雄花の着花が少ないと、翌々年の感染源となる枯死雄花も少なくなると予想され、爆発的な感染は起こりにくいと考えられます。

自然界では雄花の上で細々と暮らしているシドウィア菌の力を借りて、スギ雄花を人工的に枯死させるのがシドウィア剤ですが、この剤は微生物農薬に当たるため農薬登録が必要です。一般に農薬は、規格性状や使用方法に関する資料等の他、ヒトへの安全性評価試験や環境生物への影響試験の試験成績等を揃えて農林水産省に申請し、これらの試験データを元に審査が行われ、安全に使用できる基準を設定して登録されます。通常の農薬は、人為的な管理のもとで栽培される農作物を対象としますが、花粉飛散防止剤は、山林のような、より自然な状態に近い環境に生育するスギ・ヒノキを対象とするため、森林生態系への影響も考慮する必要があります。また、スギやヒノキの雄花は、樹高の高い20年生以上の個体の日当たりのよい樹冠頂部や林縁部に形成されるため、農薬散布の方法も通常とは異なる工夫が必要になります。動力噴霧器による単木的な施用では花粉飛散抑制効果は限定的であるため、無人ヘリコプターや有人ヘリコプター等による広域散布が効果的ですが、樹冠頂部や林縁部の雄花にピンポイントで適量の散布液を付着させるというのは過去に例がありません（農林水産省 ２０２３）。そこで新たに、シドウィア菌を用いたスギ花粉飛散防止剤の空中散布方法を開発しました。

シドウィア剤の散布技術

シドウィア剤の散布効果が高まる最適な散布の条件として、「雄花序から液剤が滴る程度」の液量を付着させる必要があります。地上散布でハンドスプレーや動力噴霧器を用いて丁寧に付着させせると、8割程度の雄花を枯死させせることができます。しかし、雄花をたくさんつけるスギ成木は樹高が高く、動力噴霧器で鉄砲ノズル（ガンノズル）のような薬液を射出できるノズルを使っても、10m程度の高さが限度です。そのため、樹高が高いスギに対しては、航空機を使って空中散布する必要があります。

通常水稲の害虫防除や松くい虫（マツ枯れ）防除に使用される一般的な液剤散布ノズルは、霧状の薬剤を下向きに噴霧し、ヘリコプターの主翼から発生する下向きの風（ダウンウォッシュ）によって植物体全体に行きわたらせるように設計されています。シドウィア剤の場合は、ダウンウォッシュの風圧や枝の揺れによって雄花から散布液が落下してしまい、十分な効果が得られないことが分かりました。そこで、無人ヘリコプターでは、粒径の大きい液を扇形に吐出させるノズルを主翼の外側まで延伸させた専用の散布装置を開発し、これを用いて林縁部の雄花に側面から散布することで2～7割の雄花を枯死させせることができました（森林総合研究所 2

017）。その一方で、樹冠頂部の雄花に対して樹上から散布したところ、側面散布では回避できたダウンウォッシュが樹上散布では回避できず、散布量を多くしても林床に落下してしまうため、効果が下がることが分かりました（髙橋ら２０２２）。無人ヘリコプターによる樹上散布にはまだ改善の余地がありますが、現時点では、単木や林縁部でのスギ林の側面に施用することで、花粉の飛散抑制効果が期待できます。

さらに広い面積や、アプローチの困難な山地での散布については、有人ヘリコプターでの空中散布が必要になります。シドウィア剤の空中散布は、有人ヘリコプターでも無人ヘリコプターと同様にダウンウォッシュの影響を最小限にする必要がありますが、ダウンウォッシュを回避するために飛行高度を上げると、周辺への防止剤の拡散（ドリフト）が発生しやすくなり、対象エリア外に液剤が飛散することが懸念されます。そこで、通常有人ヘリコプターによる松くい虫防除で使用されるノズルよりも大きい粒子の吐出が可能なスプレーノズルを用いて、散布対象とする樹冠頂部からの飛行高度と飛行速度、ノズル数の各条件を変えて色水を用いた散布試験を行い、ダウンウォッシュの影響とドリフトが最も少なく、雄花に液剤が効率的に付着する条件を選定しました（図３）。そして、最適な有人ヘリコプター散布の条件下で重ね撒き散布することにより、十分量のシドウィア剤を雄花序枝に付着させることができ、その結果、２

図3　シドウィア剤の空中散布

上は無人ヘリコプターの林縁散布、下は有人ヘリコプター散布（試験のために青色の色素を散布液に混ぜている）。

～7割の雄花を枯死させることができました（髙橋ら 2022）。

シドウィア剤の散布では、十分量の液剤を雄花に付着させる必要から、動力噴霧器による地上散布でも航空機を用いた空中散布でも、粒形の大きい液滴を散布する方法をとり、十分に液剤を付着させることができるようになりました。シドウィア剤に限らず、雄花序に多量の液剤を付着させる必要がある飛散防止剤では、同様の散布方法が適応できるかもしれません。

シドウィア剤の安全性

シドウィア菌は5℃～25℃で生育しますが、30℃で急激に生育が低下し、35℃で死滅してしまいます（Hirooka et al. 2013b）。そのため、ヒトを含めた体温の高い恒温動物への感染可能性は極めて低いと考えられます。微生物農薬の農薬登録に必要なヒトへの安全性評価試験は、ラットやマウス、ウサギ等の実験動物に対する試験を実施し、影響がある場合は反復投与試験や追加試験を実施し、その結果を元に安全に使用できる基準を決めます。これまで実施したシドウィア菌をラットに投与する簡易安全性試験（経気道投与、静脈内投与）では、シドウィア菌の影響は小さい又はほぼないことが分かっています。現在、さらに厳密な試験を実施し、ヒトへの安全性に関する試験データを集めています。

シドウィア菌はスギ雄花に寄生する植物病原菌（スギ黒点病菌）ですが、スギの枝葉に対する病原性は認められておらず、散布しても定着せずに消失してしまうことが分かっています（窪野ら 2014）。また、シドウィア菌散布によるスギ自体の伸長成長にも影響がないことも分かっています。スギ以外の樹木類や作物に対しても、暴露試験による影響調査を実施しており、これまで樹木類10種（主要造林樹種のヒノキ、カラマツ、アカマツ、常緑針葉樹のモミ、常緑広葉樹のタブノキ、スダジイ、落葉広葉樹のヤマザクラ、イロハモミジ、果樹のウンシュウミカン、ニホンナシ、カキノキ）と蔬菜類12種（キャベツ、ダイコン、ゴボウ、レタス、ニンジン、セロリ、ホウレンソウ、サツマイモ、サトイモ、タマネギ、ニラ、ネギ）に対するシドウィア菌の散布による影響はほとんどないことが分かっています（高橋ら 2024）。散布液が土壌中に落下した場合の影響も調査しており、枝葉の場合と同様に、すぐに消失してしまうことが分かっています（窪野ら 2014）また、散布によって想定される落下量の4倍以上の胞子懸濁液を直接土壌に散布しても、土壌に生息している菌類の群集構造に有意な変化は認められず、散布の影響はほとんどないことが示されています（升屋ら 2017）。これらの試験データは、シドウィア剤の農薬登録のための安全性試験の一部であり、現在農薬登録に向けた動植物等への安全性試験を実施しています（図4）。

これらの安全性試験データに加えて、スギ人工林への空中散布による森林生態系への影響調査も行ってきました。スギ人工林内に20m×50m（0.1ha）の試験区を設置し、空中散布の前後で林床の下層植生と昆虫類、土壌菌類相を調査し、比較しました。下層植生は、林縁と林内で日当たりが異なるため、場所によって被覆率や植生高に差はありましたが、散布の有無による種数や種構成に違いは認められませんでした。昆虫類でも、影響は確認されませんでした。

図４　森林生態系への影響調査の試験地

雄花トラップ（青いかご）、釣り下げ式のバケツトラップ（黒色、黄色）と衝突板トラップ（雨よけの傘）が林縁部に設置されている。

土壌菌類相も、散布の有無よりも場所の違いによる種構成の違いの方が大きく、散布による影響はないと考えられました。一方で、昆虫類の場合は歩行や飛翔によって移動できるため、小規模の散布試験では影響が確認できていない可能性もあります。また、1年から数年程度では影響がなくとも、長期的に見たときに影響が出る可能性も否定できません。これら点も踏まえた上で、安全性に最大限に配慮し、長期的なモニタリング調査を継続して行っています。

花粉飛散防止剤の実用化に向けて

即効性の高い花粉発生源対策として期待されている花粉飛散防止剤ですが、それぞれの薬剤の特徴から、散布できる時期や場所に制限があるのも事実です。シドウィア剤に限っても、散布に適した期間は10月下旬から12月の2カ月程度で、浸透移行する化学農薬とは異なり、付着した場所で効果を発揮する剤であるという特性上、散布する液量が多くなり、散布できる範囲も限られます。他の飛散防止剤であっても、立体物で高木のスギに対する散布液量は農作物に散布するよりも多くなると想定され、国内の人工林の散布可能な面積も限られてきます。散布液量を1ha当たり2000Lと仮定すると、現在国内で保有する液剤散布が可能な有人ヘリコプターを総動員して1カ月で散布できる面積は国内のスギ人工林面積の0・1％程度に留まります。はじめにも指摘したとおり、花粉発生源対策の全体像の中で、防災上の理由で伐採できない場所や、経済的にペイできない林に対して、花粉飛散防止剤を活用していくことになりますが、費用的な試算も必要になってきますし、どこに優先的に散布していくかも検討する必要があります。スギ以外の作物等が栽培される場所の近くでは脂肪酸エステル剤を選択するとか、人口密集地で耕作地が近くにない場所では植物ホルモン剤を選ぶとか、有人ヘリコプター散布の必要な山奥ではシドウィア剤を使うとか、剤の特性や散布機材の特徴から最適なものを選ぶ必要があります。発生源対策を行う森林のタイプ分けやゾーニングも合わせて進めていく必要があります。一方、飛散防止剤の実用化面でネックとなるのが、散布実施者と受益者が必ずしも一致しないことです。自分の林に散布しても、花粉が飛ばなくなった利益の多くを受けられるのは自分以外の他人になるため、極めて公共性の高い性質のものであるのが花粉飛散防止剤なのです。そのため、実際の散布にあたっては、森林環境税等を活用したり、補助金で利用を促進したり、公的資金の導入も検討していく必要があります。

引用文献

窪野高徳（２０１４）菌類を活用したスギ花粉飛散防止法の実用化に向けて．山林 １５６５：56-62
窪野高徳・升屋勇人・秋庭満輝・佐橋憲生（２０１４）スギ雄花病菌のスギ林散布後の消長とスギ成長への影響評価．樹木医学会第19回大会講演要旨集：Ｐ11
小塩 海平・平塚 理恵（２０１６）トリオレイン酸ソルビタン乳液（パルカット）を用いたスギ花粉形成抑制技術の確立．アレルギーの臨床 36：67-69
森林総合研究所（２０１６）スギ花粉Ｑ＆Ａ　―スギ花粉量は将来減らせますか？―　国立研究開発法人森林総合研究所第３期中長期計画成果32（森林・林業再生-６）https://www.ffpri.affrc.go.jp/pubs/chukiseika/documents/3rd-chuukiseika32.pdf
森林総合研究所（２０１７）スギ花粉症対策に向けた新技術―菌類を活用して花粉の飛散を抑える―　国立研究開発法人森林総合研究所第４期中長期計画成果７（森林管理技術-６）https://www.ffpri.affrc.go.jp/pubs/

chukiseika/documents/4th-chuukiseika7.pdf
髙橋由紀子（２０２０）菌類を利用したスギ花粉飛散抑制技術．生物資源 14：14-24
髙橋由紀子・窪野高德・升屋勇人・鳥居正人・松村愛美・滝久智・倉本惠生・五十嵐哲也・秋庭満輝・服部力（２０２２）スギ花粉飛散防止剤の空中散布技術を開発．森林総合研究所令和４年度研究成果選集２０２２：28-29
髙橋由紀子・鳥居正人・窪野高德（２０２４）スギ黒点病菌*Sydowia japonica*を用いたスギ花粉飛散防止剤の果樹を含む樹木類10種と蔬菜類12種に対する暴露試験．林業と薬剤 ２４７：22-30
馬場廣太郎・中江公裕（２００８）鼻アレルギーの全国疫学調査２００８（１９９８年との比較）―耳鼻咽喉科医とその家族を対象として―．Progress in Medicine 28 (8)：１４５-１６５
Hirooka Y, Masuya H, Akiba M, Kubono T（2013）*Sydowia japonica*, a new name for Leptosphaerulina japonica based on morphological and molecular data, Mycological Progress (12)：１７３-１８３
Hirooka Y, Akiba M, Ichihara Y, Masuya H, Takahata Y, Suda T,Yada Y, Yamamoto S, Kubono T（2013）A novel approach of preventing Japanese cedar pollen dispersal that is the cause of Japanese cedar pollinosis（JCP）using pollen-specific fungal infection. PLoS One 8 (5)：e62875
升屋勇人・菊池泰生・市原優・相川拓也（２０１７）スギ黒点病菌散布の土壌菌類群集への影響．日本菌学会大会講演要旨集61：P-０５９

Masuya H, Ichihara Y, Aikawa T, Takahashi Y, Kubono T (2018) Predicted potential distribution of Sydowia japonica in Japan. Mycoscience 59 (5)：392-396

松原篤・坂下雅文・後藤穣・川島佳代子・松岡伴和・近藤悟・山田武千代・竹野幸夫・竹内万彦・浦島充佳・藤枝重治・大久保公裕（2020）鼻アレルギーの全国疫学調査2019（1998年，2008年との比較）：速報―耳鼻咽喉科医およびその家族を対象として．日本耳鼻咽喉科学会会報123（6）：485-490

橋詰隼人・山本福壽（1992）マレイン酸ヒドラジドコリン塩（エルノー）によるスギ雄花の着花抑制．鳥取大学農学部演習林研究報告21：51-61

篠原健司・清野嘉之・伊勢崎知弘・長尾精文（2001）スギ花粉発生源の抑制技術．アレルギーの臨床273：215-219

堀口申作・斎藤洋三（1964）栃木県日光地方におけるスギ花粉症Japanese Cedar Pollinosisの発見．アレルギー13（1-2）：16-18，74-75

東京都衛生局（1998）花粉症対策総合報告書．平成10年1月．https://www.tmiph.metro.tokyo.lg.jp/files/kj_kankyo/kafun_servey/pollen_report1998.pdf

西川浩己・久保満佐子・入月浩之（2008）ジベレリン生合成阻害剤トリネキサパックエチルによるスギ雄花の着花抑制．山梨県森林総合研究所研究報告27：1-7

農薬登録情報提供システム（２０２４）https://pesticide.maff.go.jp/（２０２４年9月25日閲覧）
農林水産省（２０２３）農薬等空中散布の実施状況の推移（H26～R３年度）https://www.maff.go.jp/j/syouan/syokubo/gaicyu/g_kouku_zigyo/attach/pdf/index-9.pdf（２０２３年7月6日閲覧）
林野庁（２０１６）花粉発生源対策について http://www.rinya.maff.go.jp/j/rinsei/singikai/pdf/1604074.pdf（２０１６年4月7日閲覧）

東京都における「花粉の少ない森づくり」

東京都産業労働局農林水産部森林課課長代理（花粉対策担当）　宮井遼平
東京都産業労働局農林水産部森林課課長代理（木材流通担当）　東　亮太
（公財）東京都農林水産振興財団花粉対策室花粉対策係長　河村　徹
（公財）東京都農林水産振興財団花粉の少ない森づくり運動担当係長　林　明彦

はじめに ―林業の衰退と花粉症の増加

東京都の森林面積は、多摩と島しょ地域合わせて約8万haと、都の総面積の約4割に上り、木材等の生産、水源の涵(かん)養、山地災害の防止、憩いの場の提供など、様々なかたちで都民生活に恩恵をもたらしてくれています。

多摩地域の森林の約6割（約3万ha）はスギ・ヒノキの人工林で、ほとんどが青梅市、八王子市、

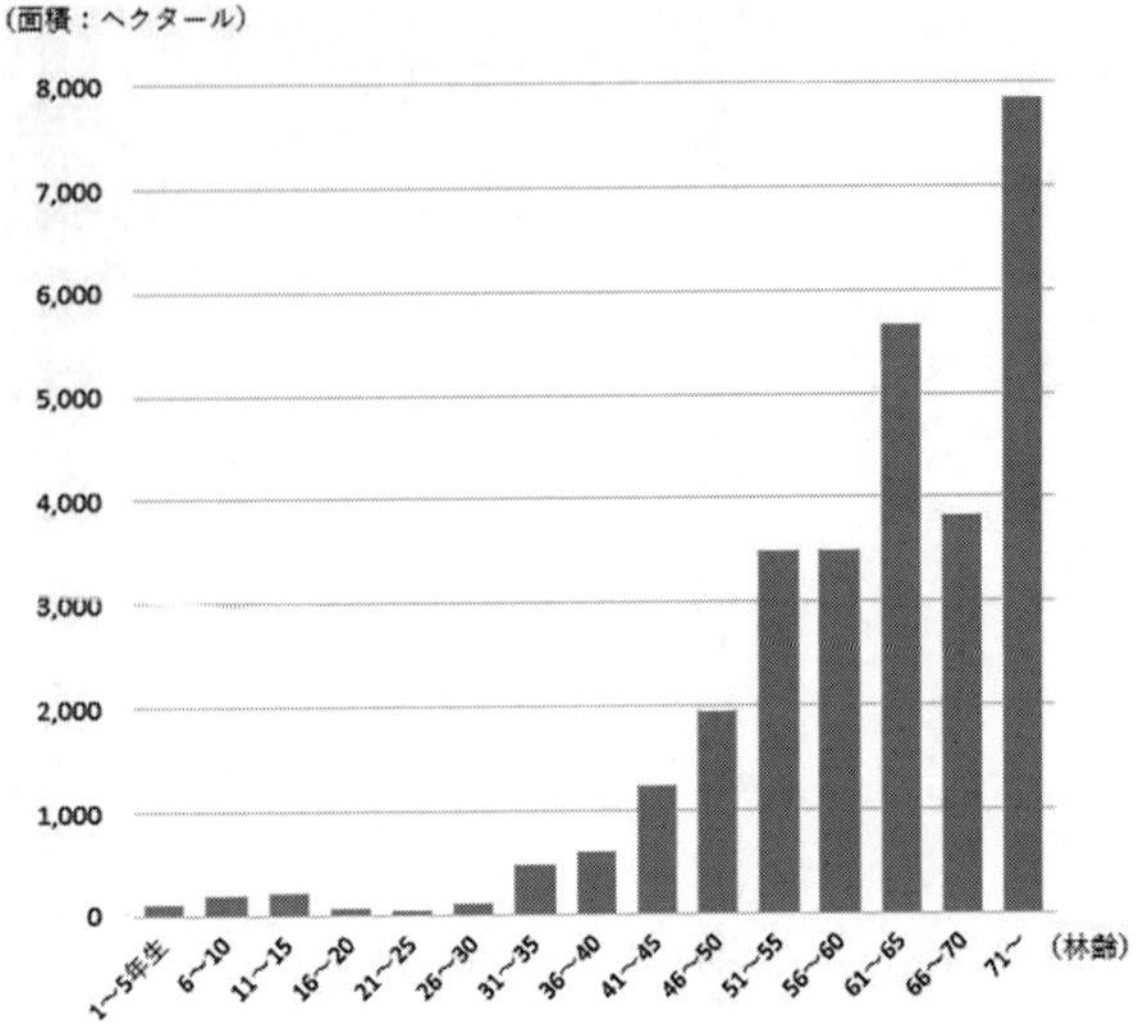

図１　多摩地域におけるスギ・ヒノキ人工林の林齢構成（2024（令和６）年４月１日現在）

出展：東京都産業労働局「東京の森林・林業」

あきる野市、西多摩郡日の出町、西多摩郡檜原村、西多摩郡奥多摩町の6市町村に集中しており、そのうち約8割は高度経済成長期以前に植えられた50年生を越える造林木です（図1）。これらのスギ・ヒノキの多くは、第二次世界大戦後の復興期から高度経済成長期までの建設投資が伸長した期間に植栽されており、木材需要にこたえるため、拡大造林により植えられた森林も多く含まれています。

他方、全国に木材利用期未満の人工林を多く抱える中、国は当時の増大する木材需要に即応するた

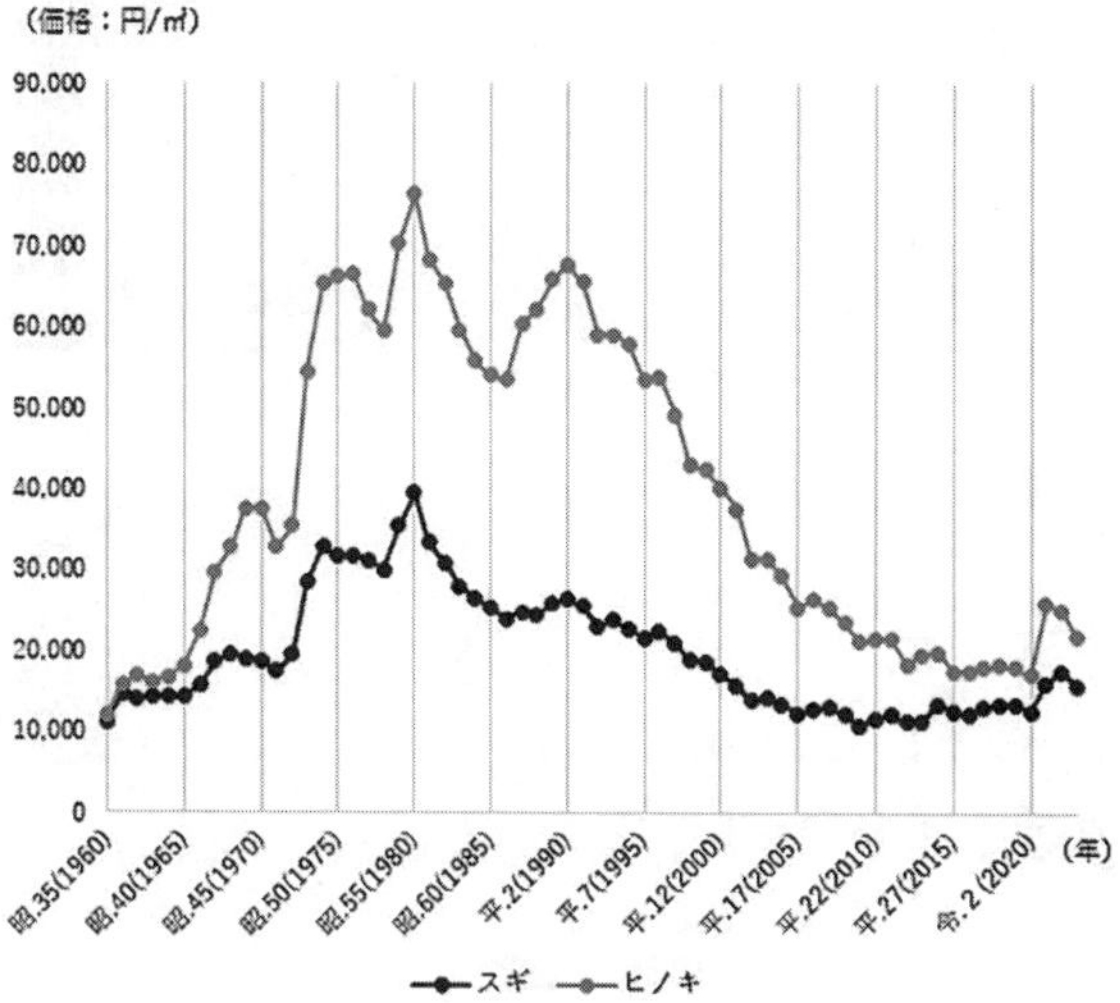

図２　全国の製材用素材価格の推移

出展：農林水産省「木材需給報告書」

め、外国産木材の輸入量を増やし、需給逼迫の回避を図りました。このような中、木材産業の生産流通構造は、大量のロットでより安定的に供給できる輸入木材への対応にシフトしていき、結果的に国産木材への需要は低下することとなりました。

国産木材の平均価格は１９８０（昭和55）年に最高値となった後、長期的に下落傾向に入り、１９９８（平成10）年にはピーク時と比べてスギで５割を下回り、ヒノキで６割を下回りました（いずれも径14～22㎝）（図２）。一方、現場作業にかかる人件費（労務費）は高度経済成長期以降増加傾向が続いて

図3　手入れのされていない人工林

おり、特に1980年代後半から1990年代のバブル景気においては、その前後を比較すると2倍近くにまで上昇しました。

原木価格の下落と伐採や搬出に係る人件費の高騰は、山元立木価格の長期低迷となって、森林所有者（以下「所有者」と言います。）の林業に対する関心を希薄化し、長年手つかずのまま放置されるスギやヒノキの人工林の増加を引き起こしました（図3）。

人の手で育てることを前提に植えられた森林で保育をやめてしまうと、植栽木は個体間の競争にさらされ、単木成長量が鈍化し材質低下につながるだけでなく、林床に陽光が届かず下層植生の窮乏を招き、土壌流出等による災害リスクが増大しかねません。

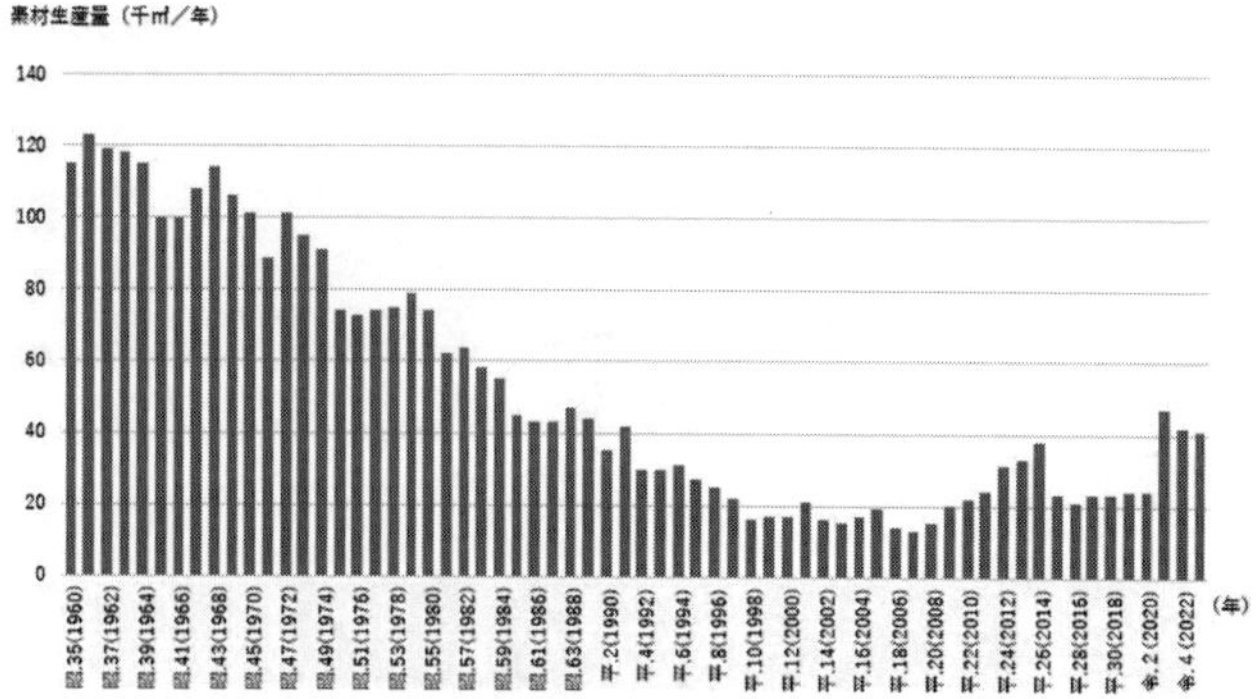

図４　東京都における素材生産量の推移

出展：農林水産省「木材需給報告書」

林業における採算性の悪化は、東京の森林においても様々なかたちで顕在化しました。例えば、木材統計調査「木材需給報告書」（農林水産省）によると、東京都内の年間素材生産量は、１９６１（昭和36）年にスギ・ヒノキ合わせて12・３万㎥ありましたが、約45年後の２００７（平成19年）には１・３万㎥とピーク時の１割近くまで低下しました（図４）。

また、国勢調査における林業就業者数（国勢調査に用いる産業分類において、林業に分類される事業所に属する者の数）の推移をみると、１９６５（昭和40）年には１４５０人いた東京都（区部を除く）の林業就業者が２００５（平成17）年には２０３人にまで減少しました（図５）。

林業就業者数の大幅な減少の背景には、燃料転換による薪炭需要の激減に伴い関連業種（薪炭林経営

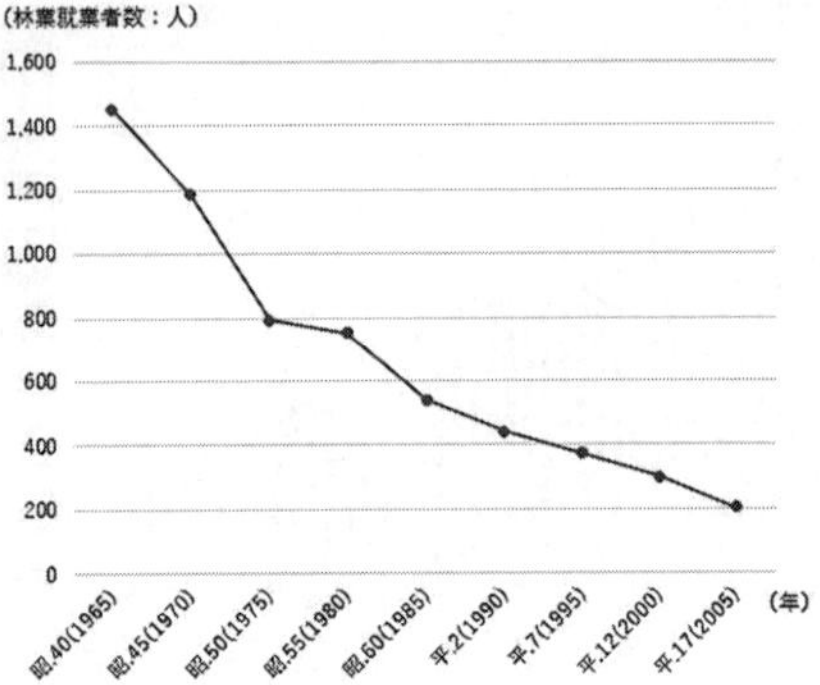

図５　東京都における林業就業者数の推移

出展：総務省「国勢調査」

業や製薪炭業等）が衰退したことも考えられますが、スギ・ヒノキをはじめとする針葉樹人工林における需要の冷え込みが寄与したところは大きいと言えます。需要不足と林業就業人口の減少の結果、主伐再造林と保育管理が行われず、偏った林齢構成の荒廃したスギ・ヒノキ人工林が、東京の山にも多く引き継がれることとなりました。

　このような中、スギ花粉による花粉症患者の増加が社会問題として取りざたされるようになったのが、拡大造林期に植えられたスギの多くが30年生を超えた平成10年代のことです。日本耳鼻咽喉科学会が全国的に実施した調査によると、スギ花粉症推定有病率は１９９８（平成10）年の16・2％から２００８（平成20）年は26・5％へと増加しています（その後、２０１９（令和元）年には38・8％まで増加）。また、東京都が行った都内３地点におけるスギ花粉症推定有病率の調査においても、１９９６（平成８）年の19・4％が２００６（平

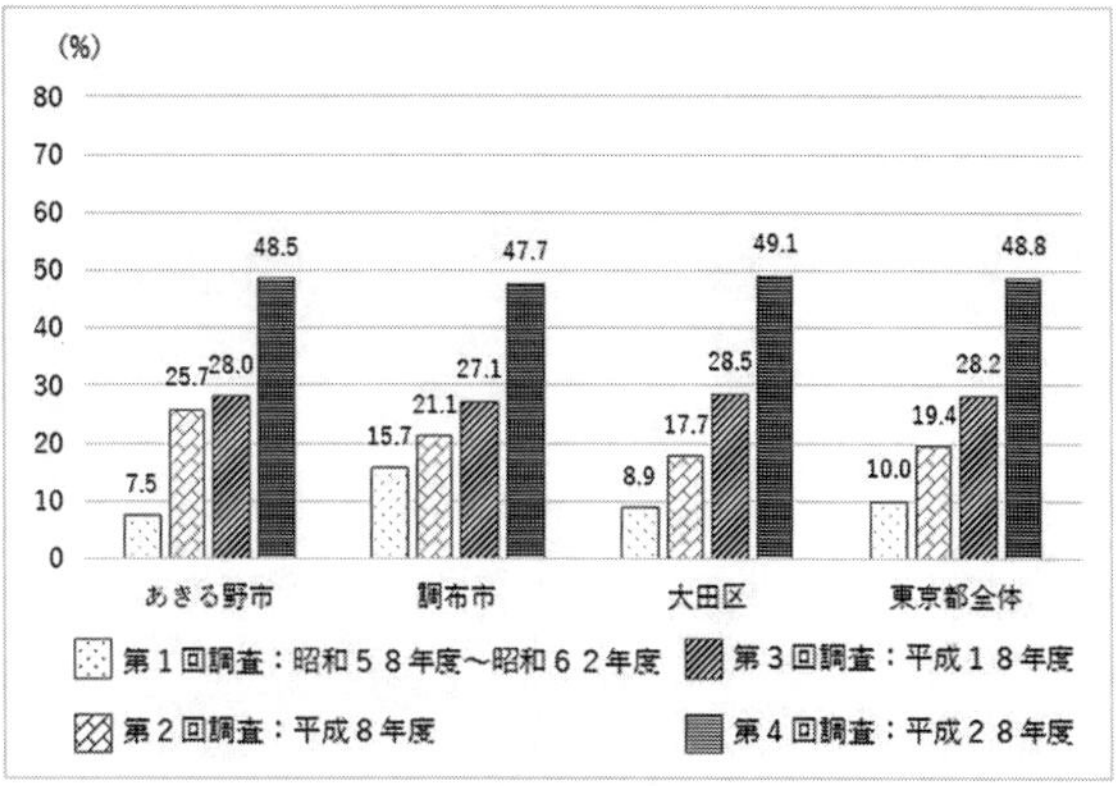

図６　花粉症有病率の推移（東京都）

出展：東京都保健医療局「花粉症患者実態調査報告書」

成18）年には28・2％となり（その後、２０１６（平成28）年には48・８人まで増加）（図６）、全国と東京都で同様の推移がみられます。

花粉症が引き起こすであろう健康被害と経済被害の深刻さに鑑み、東京都は２００５（平成17）年度に関係各部局から構成される「東京都花粉症対策本部」という会議体を設置しました。この会議体は、「花粉発生源対策」と「保健・医療対策」「大気汚染対策」など花粉症の周縁分野も含めた施策を推進するため、都庁内で意見交換や情報の共有を行うことを目的としたもので、現在（２０２４（令和６）年度）まで毎年、途切れることなく全体会議を実施しています（図７）。

翌２００６（平成18）年度からは「スギ花粉発

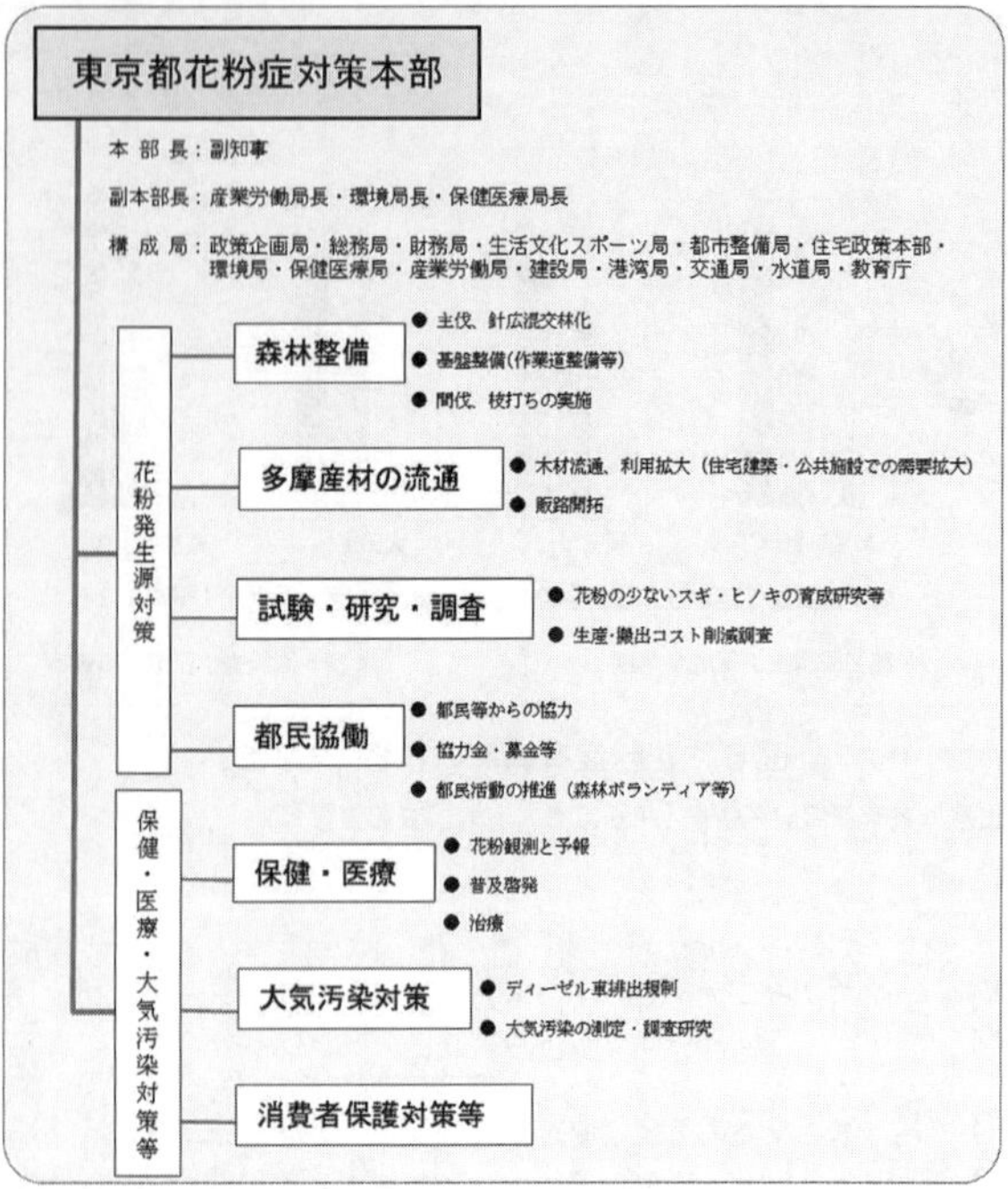

図７　東京都花粉症対策本部の組織体制図（2024（令和６）年４月１日現在）

生源対策事業」を開始し、「花粉発生源対策」に紐づく各分野―「森林整備」「多摩産材の流通」「試験・研究・調査」「都民協働」―において事業展開を図りました。今回はそれらのうち、いくつかの代表的な施策を紹介します。

主伐による森林整備

２００６（平成18）年11月、東京都青梅市柚木

町の都道沿いの山林で、石原都知事（当時）をはじめ多くの関係者が見守る中、1本のスギの木が伐り倒されました。「スギ花粉発生源対策事業」による、伐採開始の合図でした。

当事業には、東京都の単独出資により創設した「花粉の少ない森づくり基金」を原資とし、東京都の政策連携団体である公益財団法人東京都農林水産振興財団（以下、「財団」と言います）が実行部隊となって着手しました（その後、2015（平成27）年度からの「森林循環促進事業」及び2024（令和6）年度からの「森林循環に資する花粉発生源対策」で事業名やメニューの更改がありましたが、組織毎の役割分担は当初のまま維持されています）。財団が所有者から買い取った立木の販売額や後述する「花粉の少ない森づくり募金」による支援者からの寄付などは基金に組み込まれ、事業継続の新たな原資となっていきます。

財団が行う主伐による森林整備―木材の買い取りから森林造成まで―の流れは次のとおりです。

①多摩地域にある、収穫期に達したスギ・ヒノキ人工林の所有者から伐採の申込みを受けます。

②申込地の権利関係（土地及び立木）、植栽樹種、林齢、地形、木材の搬出方法、他の法令等による土地利用制限の有無等について机上で調査します。

③権利関係等の調査により、伐採可能と思われる森林について、境界、伐採範囲等の現地調査を実施します（必要に応じて、所有者や隣接所有者の立会いを求めます）。また、木材の仮置き場や木材搬出用のケーブル（架線）を張るための樹木などの使用について、隣接所有者の了解を得る必要がある場合は、調整を行います。

④対象となる樹木の樹種、直径、樹高、本数、材積等についての測量調査及び希少動植物に関する調査（市町村環境部局への聞き取りや外部委託による調査）を実施します。

⑤木材の売払いによる収入から伐採・搬出に係る経費を差し引いて評価額を計算し、所有者に提示します（評価がマイナスの場合や評価に対して合意がない場合は、契約は行いません。また、契約に至らない場合でも、申込みのあった所有者に費用は発生しません）。

⑥評価がプラスで、かつ、所有者の合意が得られた場合は、立木売買契約を結びます。また、別途「造林及び保育事業に関する契約」を所有者と結びます。なお、所有者の相続登記、地上権・抵当権の抹消登記が必要な場合は、所有者による登記終了後に契約します。

⑦契約対象のスギ・ヒノキ林を伐採します。その後、植栽の前にシカ防護柵等を設置します。

⑧伐採した木材のうち、建築用材や家具材などになるA材は、都内で唯一の原木市場である多摩木材センターに運搬し、月2回行われている市（いち）（せり売り）により売却し、売却費は

財団の収入として「花粉の少ない森づくり基金」に繰り入れられます。B材（合板用材など）、C材（製紙用材やチップ材）、D材（枝葉と端材）は青梅市内にある貯木場を経由するか現場引き渡しにより、加工業者やチップ業者に売却されます。

⑨伐採後は、「造林及び保育事業に関する契約」に基づき、花粉の少ないスギ等の植栽を行い、20年間保育管理を行います（植栽した樹木は土地所有者のものとなります）。

２００６（平成18）年当時は、多摩地域から発生するスギ花粉の量を10年後に２割削減することを目標に、当事業によって10年間で１２００haのスギ林を伐採する計画を立てました。この計画量は、持続的に木材生産が可能と見込まれる多摩のスギ・ヒノキ人工林１万２０００haを、１００年間ですべて花粉の少ない森林に転換する、という理想像から導いたものでした。

しかしながら、様々な要因により、実際の業務は描いたとおりには執行できず、２０２３（令和５）年度末までの18年間で、伐採面積が約７８０haと、当初の見立ての半分に満たない速度で進んでいるのが現状です。それでも、花粉症の症状に悩まされる人がいる限り、当事業は継続してその必要性が喚起されます。進捗が悪ければ、よくなるために何をするべきかということが、事業開始後絶えず問われてきました。その間の事情を反映するように、伐採目標値は理想像から導かれたものより下方修正しているものの、現在までの年間平均伐採面積約44haに対し、2024（令和6）年度の目標は65ha、2030（令和12）年度には75ha伐採する計画を立て、伐採加速化の姿勢を貫いています。

それにしても、何が事業の進捗を阻んでいるのでしょうか。

まず、伐採の前段階にあたる所有者との立木売買契約に至るまでの手続きに、右の①から⑥までのとおり、いくつものステップがあることがお分かりいただけると思います。この道のりに通常で1年、長くて10年の歳月が費やされます。

なぜこれほどの時間を要するのかというと、大きな停滞要因が2つあります。1つ目は、申込みのあった森林の土地や立木における「実際の権利関係」と「登記上の権利関係」とが一致していない場合があることです。例えば、実態としては申込者のみが所有権を主張している一方で、登記上は故人である親や祖父母が所有者となっている土地があったとすると、他に兄弟等の相続人がいる場合、その申込者以外の相続人の意向を確認しなければ、立木取引の可否を決定することができません。申込者以外の相続人が、立木の売却に同意するか、相続放棄をしてはじめて、立木売買契約に向けた最初の要件が満たされます（さらに実際の契約に至るまでには、相続登記手続きが完了している必要があります）。別の相続人や権利者に確認をとらずに立木を取得し、後に「伐採には反対だった」と主張されてしまった場合、事業の公平性を担保できなくなり、社会的信用の失墜を招いてしまいます。このような、相続登記をはじめ、地上権及び抵当権の抹消、分収契約の解約、共有者の同意取得など、権利関係にかかる必要事項が未了となっている申込地は、多数存在しています。

権利関係が明確になった土地でも、隣接地番との境界をすぐに確定できない場合があります。これがもう1つの停滞要因です。隣接する森林の所有者と連絡がとれない場合や、境界線をめぐって話がまとまらない場合は、対象区域を確定することができず、立木評価など、その先の段階に進むことができません。こちらも、伐ってしまった後に隣接所有者から「自分の木だった」と言われても、あとの祭りです。区域外の立木を伐ることのないよう、慎重を期さねばなりません。

権利関係や所有境界に関する課題は、主伐事業の推進を入口から狭めてしまうものです。財団では、２０２４（令和６）年度から司法書士と協力し、所有者による相続調査や登記事務を支援する体制を整えることで、申込地の権利関係上の懸案事項を効率的に解消できるよう取組を進めています。他方、東京都では、これまでの境界明確化事業に加え、土地家屋調査士と連携し、森林の境界確定をさらに大規模に推進する仕組みの構築を検討しています。このような対策により、立木取得が進めば、主伐候補地が増えるだけでなく、より実効性のある伐採計画を立案することが可能となるでしょう。

では、立木取得が順調に進みさえすれば事業の進捗が向上するのかというと、そうはまいりません。いざ伐るという段階になると、伐採の担い手不足という問題が控えているからです。多摩の森林は急峻なため架線集材が主流となりますが、都内の素材生産者は5社程度、都外に根拠地があり、東京都の主伐事業を継続して受託していく意向を見せている素材生産者も5社程度となっています。この計約10社でこなせる面積が、これまでの実績から推定して年間40～50 ha程度と考えられ、目標とする年間65～75 haを達成するには現状の1・3倍～1・9倍の生産力が必要という状況です。

このような現状を改善する方法として、「担い手の確保・育成」と「生産性の向上」の2つが考えられ、東京都ではいずれについても喫緊の課題として施策を展開しているところです。

東京都の主伐事業の請負事業者が10社程度、各社の主伐チームはおおむね3～5人編成なので、伐採の担い手は40人程度となり、多摩地域の人工林3万haに対して少なすぎるという現実があります。さらにはこの貴重な伐採搬出技術者の中には、高齢者も多く、もう何年かしたら第一線を離れてしまうという方も少なからずいるため、「担い手の確保・育成」に向けた有効な取組を打ち出さなければ、今の従事者人口を維持していくことさえ難しくなります。このため、東京都では、２０２１（令和３）年度から伐採搬出技術者を育てるための研修事業を開始し、主に都内林業経営体の中堅技術者を対象として、架線集材を前提とした技術習得を促進しています。研修生には、西多摩郡日の出町にある東京都農林総合研究センター（旧東京都林業試験場）の試験林などのフィールドで、ワイヤロープの編み方、架線の張りまわし、集材機の操作等に関する基礎的な技術を身につけてもらっています。また、林業人口を底上げし素材生産の将来の担い手を確保するための普及事業、林業事業者による雇用管理の改善を支援するための補助事業など、様々な主体を対象として、花粉発生源対策に連なる人材育成の取組を展開しています。

ただし、高度な判断力や専門知識を伴う架線作業による伐採搬出技術の習得には、現場経験の積み重ねが必要となるため、「担い手の確保・育成」は一朝一夕に達成されるものではありません。そこで求められるのが、「生産性の向上」です。東京都では、２０２２（令和４）年度から、都の出資により財団が先進林業機械をリースし、申込みのあった林業経営体にその機械を無償で貸与する事業を開始しました。初年度に導入したオーストリア製のタワーヤーダとその付属搬器は、「森林循環に資する花粉発生源対策」による主伐事業の請負事業者に貸与され、高い木材搬出能力を発揮しています。このように、より先進的な技術を伴う林業機械の活用

図8　主伐現場で稼働する先進林業機械

を通じて素材生産における効率性と安全性を高めることで、従来よりも少ない員数での作業遂行が可能となるかもしれません。伐採搬出技術者が限られる中、担い手不足の解消と併わせて、林業機械は東京都の花粉発生源対策における重要な要素の1つということができます。今後は、東京都の地形や土壌、路網の特性などの条件により適した林業機械を導入していくことで、事業の進捗を伸ばすことができると考えています（図8）。

多摩産材の利用拡大

これまで述べてきたような森林の買取りによる主伐の実施や花粉の少ない苗木の植栽などの取組は、森林を舞台とした施策ですが、市街地など私たちの生活の場において木材を使っていくこともまた、花粉発生源対策にとって重要な意味をもっています。東京都の花粉発生源対策が実現しようとしている森林循環とは、「伐る」「使う」「植える」「育てる」を繰り返すことで、森林を健全な状態に保ち、木材の供給をはじめとする多面的な機能を持続的に発揮させていくことです。主伐事業が担う「伐る」「植える」「育てる」だけでも、森林の世代交代は行えるかもしれませんが、伐られた木を活用しなければ、資源の循環利用は達成されません。木材は、金属やコンクリート、プラスチックなどと違い、自然な色味と質感を保ち、私たちの生活や仕事の空間に安らぎを与えてくれます。また、樹木として生長する過程で吸収した大気中の二酸化炭素を木材となっても炭素として貯蔵し続けるため、解体して燃やさない限り、永久に炭素を閉じ込めてくれる貴重な資源です。

このため、東京都では、多摩地域の適正に管理された森林で収穫される木材「東京の木 多摩産材」の利用促進に努めています。

取組は大きく分けて3つあります。1つ目は公共施設での利用促進で、例えば、2018（平成30）年度から、都内の区市町村による多摩産材を利用した施設の木造化や内装木質化、木製什器、木製外構施設等の整備を支援する補助事業（「公共施設への多摩産材利用促進プロジェクト事業」）を実施しています。近年では毎年10以上の区市町村に本事業を活用いただき、役所本庁舎の受付カウンター、体育館の内装、図書館の書架、公園の遊具などに多摩産材を使用していただいています。また、2019（令和元）年度からは、東京都の関連施設への多摩産材製の什器の導入を開始しました（「公共施設木質空間創出事業」）。2023（令和5）年度までに、「東京国際クルーズターミナル」のソファーや「東京アクアティクスセンター」のカウンター、「東京都立墨東病院」のテーブルなど、様々な都関連施設に多摩産材でできた什器が導入されています。これらの什器は、訪れた人の目に触れる場所に設置するとともに、多摩産材を使用している旨を表示することで、認知度を上げる効果も狙っています。さらに、前述した庁内会議体である「東京都花粉症対策本部」では、会議のたびに多摩産材の公共利用の重要性を確認、共有しており、各部局が、建築工事、土木工事、什器整備等において多摩産材の積極的な活用に努めています。

2つ目は、民間利用の促進です。2016（平成28）年度から開始した「にぎわい施設で目立つ多摩産材推進事業」では、人が多く集まり、誰でも利用できる民間施設を対象に、多摩産材を目立つ形で使った内装・外装の木質化、什器の整備を支援しており、2023（令和5）年度までに駅舎や商業施設、病院など20の施設で多摩産材を活用していただきました（図9）。2019（令和元）年度には、都民の目に触れ接することができる民間施設において、外壁・外構の木質化に一定割合以上の多摩産材を使っていただいた場合の支援を始めました（「木の街並

図９　にぎわい施設での多摩産材活用事例

み創出事業」）。当事業は、２０２３（令和５）年度までに駅舎、大学、幼稚園、飲食店、商業施設、オフィスビルなど35の施設で活用していただきました。また、２０２０（令和２）年度からは「中・大規模建築物の木造木質化支援事業」により、民間のオフィスビルや商業施設等における木造木質化に係る経費（設計を含む）の支援を開始しました。この事業では、一定規模以上の建築物において一定割合以上の多摩産材を用いて木造木質化を行う場合が支援対象となり、２０２３（令和５）年度までに学生寮など5施設の設計又は施工に対し補助金を交付することが決まっています。

さらに、２０２２（令和４）年度からは民間住宅での利用支援にも着手し、多摩産材を一定量以上使用した住宅を新築又はリフォームした方を対象に、使用した多摩産材の量に応じて東京都の特産品等の贈呈品と交換できるポイントを交付する「木材利用ポイント事業」を実施しています。

このほか、公立・私立を問わず、子どもに対する木育活動を実施している保育園などの施設に対し、多摩産材を使用した施設の内装木質化や木製遊具の整備を支援し、多摩産材を通じて木や森への親しみを深めてもらう取組を、２０１９（令和元）年度から進めています。

このような多摩産材の公共利用、民間利用につながる各種事業により、東京都は、様々な主体による「使ってみようかな」というニーズへの受け皿を準備しています。そして、同時に欠かせないのが「情報発信」です。東京都では、２０１５（平成27）年度から「ＷＯＯＤコレクション（モクコレ）」という、全国各地の地域材を活用した建材や家具などの製品展示商談会を開催しています。このイベントは、各都道府県の地域材を建設事業者等にＰＲし、国産木材全体の需要拡大を図るもので、毎年30〜40参加する都道府県の1つとして、東京都も「東京の木多摩産材」の出展を行っています（図10）。

情報発信の拠点としては、２０１４（平成26）年度に東京都の青梅合同庁舎内に「多摩産材情報発信センター」を開設し、多摩産材の製品情報や調達方法に関する問い合わせ窓口となり、

図10　WOODコレクション（モクコレ）

需給のマッチングや利用相談等を実施しています。さらに、2023（令和5）年度には、新宿パークタワービル内に「TOKYO　MOKUNAVI」を開設し、都心部における建築事業者や都民向けの多摩産材の普及を活発化させています。

継続的に情報発信を行うことで、「東京の木 多摩産材」の認知度が向上し、多くの需要が喚起されることが期待されます。多摩産材が様々なかたちで住宅や施設に使われ、木のある街並みが広がることを私たちは目指しており、そしてそれは山側で森林の伐採更新―花粉発生源対策が着実に行われていくことと表裏一体なのです。

花粉の少ない森づくり運動

2006（平成18）年度の花粉発生源対策開始当初から、その必要性を広く都民や企業等に説明し、この取組への理解を深めてもらうことが重要でした。首都圏では4人に1人（当時）が花粉症であると推定されていた中、都民や企業が協働して花粉発生源対策に関われる仕組みや場が求められました。花粉発生源対策の取組は国に先駆けて行うものであったことから、日本全体を動かすような潮流となり、広く理解を醸成することにより、国や他地域への波及効果が生まれることも期待されました。

このような背景から、東京都は「花粉の少ない森づくり運動」を開始し、広く都民の方々の協力を求めることとしました。

「花粉の少ない森づくり運動」は、伐採と同様、2006（平成18）年に開始式を行い、森林環境や花粉症研究等に造詣の深い著名人や有識者、東京都の林業や木材産業を支える各団体の代表者に加え、都内にある農業、工業、商業、経済、行政等各分野を代表する団体の代表者にも発起人としてこの運動を進める協力者となってくださいました。その後間もなくして、発起人ご自身や所属団体の別の方が中心となって設置された「花粉の少ない森づくり運動推進委員会」には、運動の指導役として、都民に対する事業のPRと運動への参加呼びかけの方法について検討し、東京都や財団に助見をいただいています。

PR活動は、主伐事業と同様「花粉の少ない森づくり基金」を原資として財団が主に行い、必要に応じて東京都が協力して実施しています。森林や環境などをテーマとしたイベントにブースを出展し、伐採による森林の世代交代や多摩産材の利用拡大の重要性を説明したパネル等を用いて、「花粉の少ない森づくり」を行うことの意義を伝えるとともに、花粉の少ない苗木の展示や多摩産材を使った木工品の制作などを通じて、来場者が林業や木材利用についてより身近に感じられるよう取り組んでいます。時には、植樹体験など、現場の作業に触れる機会も用意し、参加者に山仕事や森づくりについて理解を深めていただいています。

「花粉の少ない森づくり運動」に参加したい、協力したいという声に対しては、「花粉の少ない森づくり募金」「企業の森」「森づくり支援倶楽部」などのメニューがあります。「花粉の少ない森づくり募金」は、都庁舎内に設置した募金箱や財団の指定口座を通じていただいた募金を、伐採や花粉の少ない苗木の植栽などの費用に充てる仕組みです。

「企業の森」は、企業（団体）の協賛により「花粉の少ない森づくり」を進めていく事業で、対象となる森林の所有者、企業（団体）、財団の三者の間で植栽から10年間を基本とする森林整備に関する協定を締結し、協賛企業（団体）には、協定期間中の森林施業に必要な費用を寄付していただきます。企業は、「企業の森」の名称を決めた上で、社内研修やご家族も含めたレクリエーションの場としての利用や、社会貢献活動のＰＲにも活用することができます。10年という長い期間森づくりに関わることにより、森林の成長を実感することができ、林業や森林循環に対するより深い理解が生まれるものと考えています。2023（令和5）年度末までで、31の企業・団体により39箇所の「企業の森」が誕生し、森林整備などの活動を通じた「花粉の少ない森づくり」が進められています。

「森づくり支援倶楽部」は、「花粉の少ない森づくり募金」に一定額以上を寄付された個人及び法人が会員となることができ、会員には、会報誌の発行やメールマガジンの配信のほか、多摩産材で作られた木工品の贈呈や森づくりイベントへの参加を通じて、「花粉の少ない森づくり」への理解を深めていただいています。

また、毎年3月に行われる東京マラソンと10月に行われる東京レガシーハーフマラソンでは、財団がマラソンチャリティの寄付先団体としてエントリーし、ランナーの方からの寄付を募っています。なお、チャリティランナーになった方には、「森づくり支援倶楽部」の会員の方とともに、秋の紅葉の時期に西多摩地域で植樹などの林業体験や森林散策などを行うイベントに無料で参加いただけます（図11）。

さらに、都営地下鉄の駅構内等にある店舗や自動販売機において、交通系電子マネーにより購入された売上げの一部を「花粉の少ない森づくり募金」への寄付に充てるなど、様々な場で

図11　都民が参加する植樹イベント

都民や企業にご協力いただける仕組みを構築しています。

これらの募金の仕組みにより、「花粉の少ない森づくり運動」が開始するより前の２００５（平成17）年度末時点の入金から累計して、２０２３（令和５）年度末までに７億７４００万円を超える寄付が集まりました。単純計算ですが、財団が設定している最新単価で試算すると、植栽木１１４万本分、植栽面積にして約３８０ha分の支援をいただいたこととなります（実際には植栽以外の作業にも寄付金が充てられています）（表１）。

私たちの取組の意義を理解していただき、これまでお力添えをくださった方々に、この場を借りて感謝申し上げます。

表1　「花粉の少ない森づくり運動」への募金実績

事業・媒体等	募金額（円）※
企業の森	347,195,636
森づくり支援倶楽部	82,251,896
東京マラソン・東京レガシーハーフマラソンチャリティ	123,098,515
一般募金等	3,168,989
花と緑の東京募金（東京都環境局所管）	176,477,892
交通系電子マネー（東京都交通局所管）	42,515,177
計	774,708,105

※ 2024（令和6）年3月31日現在

おわりに ―東京の林業の再生に向けて

埼玉県、山梨県との都県境に位置する東京都の最高峰である雲取山は標高2017メートルで、都道府県の最高標高点ランキングで、東京都は高い方から16番目に入ります。大都市としてのイメージが先行しがちな東京都ですが、この雲取山をはじめとする西部山岳地域に連なる西多摩の山地や丘陵地には豊富な森林が広がり、都民共有の財産として、私たちに様々な恩恵を与えています。特に、広く植えられたスギ・ヒノキの人工林は、木材として高い利用価値をもった資源で、今、それらが十分育ったにもかかわらず利用されないままでいるのは、端的に言ってもったいないことです。また、このようなスギやヒノキが花粉症の原因となって、逆に私たちに不利益をもたらしていることは、時勢の移り変わりのためとはいえ、皮肉と言わざるを得ません。このような状況が改善され、多摩産材の利用が進み、また多くの方の花粉症の症状が緩和されていくことは、東京の林業の再生と不可分です。

冒頭で触れたように、林業は長く困難な状況に陥っています。木材価格の低迷が所有者の森林に対する関心を遠ざけ、事業や技術者が減り、管理されなくなり、放置された森林で木材の質が低下し、さらに仕事や担い手が少なくなっていく。この悪循環から脱却することは並大抵のことではありません。しかしながら、様々な指標が示唆しているように、手をこまねいているだけでは事態がさらに悪化してしまうということもまた事実です。このことに鑑みて、東京都は、法令や予算の許容する範囲で、手を尽くすことを決断したのです。

スギやヒノキなどの種を播いて育てることは、「日本書紀」の神話の中にも記述があり、木材としての利用は、古く縄文時代の遺跡からも見てとることができます。室町時代から江戸時代にかけては、今日の林業先進地である静岡県の天竜地域や奈良県の吉野地域などで本格的な人工林施業が始まりました。東京の多摩地域でも17世紀末から人工造林が始められ、「青梅林業」として、たびたび大火に見舞われる江戸の町の木材需要や明治の近代化を支えました。人の手によって持続させる仕事である以上、人口動態や物価変動、国際関係等の影響から自由でいる

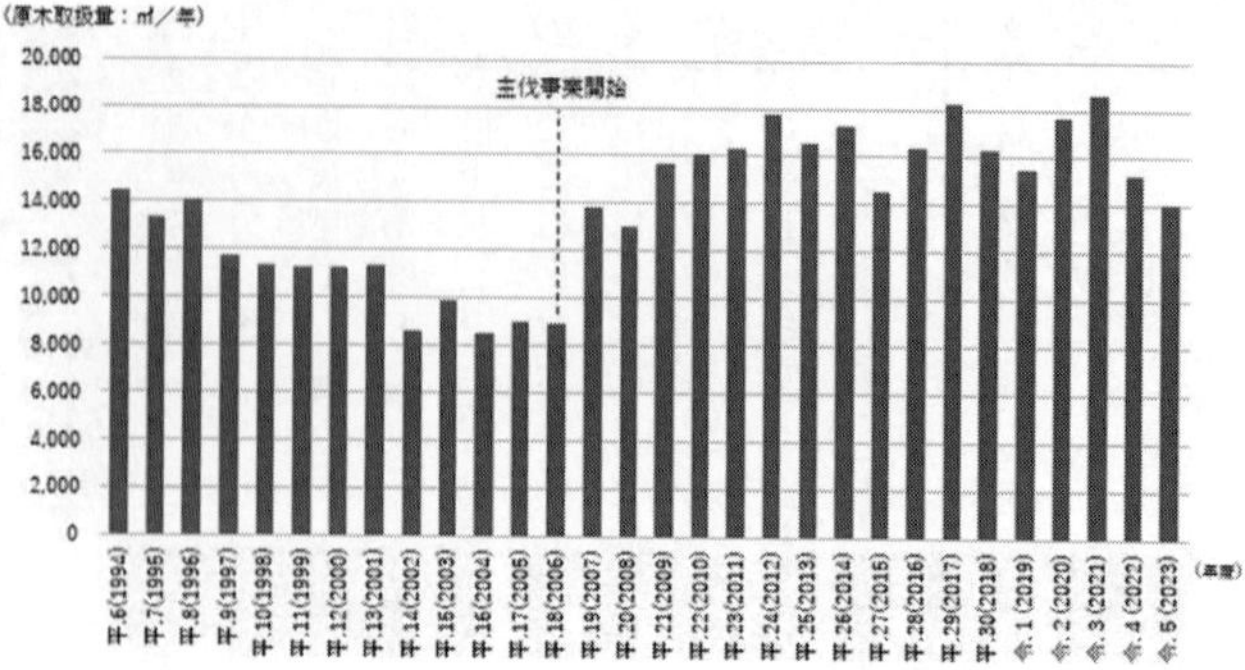

図12　多摩木材センターにおける原木取扱量

ことはできません。その中で、一方で時代状況に順応しながら、もう一方で変わらない森林や林業の価値を守っていくことが大切だと私たちは考えています。

東京都内で唯一の原木市場である多摩木材センター（西多摩郡日の出町）における年間原木取扱量は、販売開始から花粉発生源対策開始前までの12年間は平均1万1205立方メートルでしたが、花粉発生源対策開始後は平均1万5637立方メートルと増加しており、この18年間、主伐を続けてきたことの成果ということができます（図12）。もっと劇的に増えることが望ましいと思いますが、林業という息の長い仕事に関わる以上、短期的な結果だけで判断せず、長い目で見て取組を継続していくことが必要です。その意味で、進み始めた森林循環を止めるわけにはいきません。今後とも、東京都の取組に対する一層のご理解とご協力をお願いするとともに、多く

図13　花粉発生源対策による新植地

の方に徐々に若返り始めた多摩の山林を訪れていただき、森林循環の大切さに気づいていただければ幸いです（図13）。

無花粉ヒノキ「丹沢　森のミライ」の品種登録と苗木生産拡大

神奈川県自然環境保全センター研究企画部研究連携課　主任研究員
齋藤　央嗣

雄性不稔品種と無花粉ヒノキ「丹沢　森のミライ」の発見

1992年に富山県で発見された無花粉スギは、突然変異によって生じた〝雄性不稔〟によるもので、雄花が着花するものの正常な花粉を形成せず不稔となるものです。イネやキュウリなど農作物では、品種改良のための人工交配や一代雑種の交配に有利な形質であるため以前から選抜、利用がなされていますが、スギ・ヒノキ・マツなどの針葉樹、いわゆる裸子植物では無花粉となる雄性不稔個体は初めての発見でした。ヒノキはスギと同じヒノキ科に分類される近縁種ですが、スギ同様にスギ花粉症の原因植物であるため無花粉ヒノキの発見が期待されました。しかし無花粉スギの発見から20年経過しても発見されませんでした。その理由として、スギよりも雄花が小さく花粉の形成の確認が難しいこと、雄花はスギ同様に飛散前年の6月から分化が始まりますが、花粉が出来上がるのは飛散直前の3月になってからであり、飛散終了までの短い期間で調査を行う必要があることが挙げられます。

神奈川県では、２０００年から約10年間で2度にわたり、苗木を用いて〝無花粉ヒノキ探し〟の試験を行ってきました。3年生以上の苗木を用い、植物ホルモンのジベレリンを処理すると着花が促進されることから、のべ約６０００本以上の苗木を着花させ、顕微鏡を用いて雄花内の花粉の形成を調べました。これらの試験で花粉を形成していない何本かの候補木を選抜しましたが、翌年以降再度着花させると花粉を形成してしまい、結果的に無花粉ヒノキを選抜することができませんでした。その理由として苗木を用いたことにより、個体の大きさが十分でないため着花しても未熟な雄花のまま花粉を作らないことがあること、同じところに植えた苗木であっても開花時期に個体差があり、雄花の採取を同一日に行うと、花粉の形成の遅い個体では花粉が形成されておらず、〝無花粉〟と誤認してしまうことがあることが後日明らかになりました。
苗木での試験で無花粉ヒノキを発見することができなかったことから、別の手段を検討しました。無花粉スギでは、新潟大学の調査で花粉飛散期にスギ林で1本ずつ雄花をたたくことにより10本以上の無花粉スギが発見されています。そこでその手法に習って２０１１年から県内のヒノキ林で無花粉ヒノキの探索調査を始めました。これは3~4ｍの高枝ばさみで雄花をたたいて花粉の飛散を確認し、飛散しない場合は高枝ばさみで雄花を採取して花粉の有無を観察するというものです。ヒノキを叩いて花粉を確認したら調査本数を数えるためのカウンターを押す地道な作業です。２年間でのべ４０７４本のヒノキの雄花をたたいて探したところ、２年目の２０１２年４月に秦野市内の丹沢の山中で花粉が飛散しないヒノキを1本発見しました（図1）。

発見した個体は、外見的に周辺の個体と異なる点はありませんでした。雄花内を光学顕微鏡で観察したところ、正常な花粉は観察されず、雄花内には大きさの異なる粒子が観察されました。最初に発見された無花粉スギでは、花粉の外壁が形成されずに中身が固まってしまうのですが、このヒノキでは丸い粒子ができているため、本当に花粉にならず飛ばないのか確認する必要があります。そこで花粉形成の有無を確認するため、雄花のついた枝に紙の袋をかけ、水

図１　発見した無花粉ヒノキ“丹沢 森のミライ”（中央矢印　2024年４月）

差しして静置させて開花させました。その結果、雄花は開花しましたが、花粉の入っている花粉嚢が開かず花粉は全く放出されませんでした（図２）。花粉嚢の内部を観察すると大小の粒子同士が付着してくっついてしまい、正常な花粉を形成していませんでした。翌年も同様に飛散しないことを確認して無花粉ヒノキ「丹沢 森のミライ」を選抜しました。調査すると雌花も着花するものの球果が通常の７割程度の大きさにとどまり、秋になっても種子が出てきませんでした。内部に種子を形成しない両性不稔品種であることが明らかになりました。

さらに無花粉となる要因を明らかにするため、花粉形成期の2月から3月にかけて定期的に雄花を採取して顕微鏡で観察しました。花粉母細胞までは他の個体と差はなく、通常個体では減数分裂により4つの細胞に分裂し花粉を形成しますが、「丹沢 森のミライ」では均等に分裂せず大小の粒子になることが明らかになりました。減数分裂は雌花でも同様に起こるため、両性不稔になると推定されました*1。全国初の無花粉ヒノキ発見として2013年11月の森林遺伝育種学会第2回大会で発表するとともに、同年12月に神奈川県知事の記者会見で発表しました。

図２　雄花の比較

上の「丹沢 森のミライ」は開花しても花粉嚢が開かず花粉が飛散しない

「丹沢 森のミライ」の品種の材質及び増殖方法の検討

無花粉品種として選抜した「丹沢 森のミライ」ですが、種子のできない両性不稔品種であるため増殖はさし木に限られることとなります。そのためさし木による育苗方法の開発と林業的に普及させるために材質の調査が必要でした。

まず、効率的な苗木の育苗手法について検討しました。ヒノキの苗木はこれまで苗畑で生産するのが一般的で、種子を苗畑に播きつけ、冬の植え替えを2回経て3年がかりで生産していました。しかし現在では、プラスチックのコンテナ容器に入れて生産するコンテナ苗が一般的になっています。そこで植え替えの手間を省くため、コンテナ容器に直接さし付けを行って苗木生産を行う「コンテナ直ざし」を検討しました。その結果、用土にココピートオールドと鹿沼土または赤玉土を半分ずつ入れることにより発根率が88％、2年で植栽可能な大きさになりました（図3）。

次に材質について検討しました。発見した個体は約40年生の個体であったことから、立木のまま調査が可能なピロディンとファコップによる調査を行いました。ピロディンは幹にピンを

図３　「丹沢 森のミライ」さし木苗（2024年７月、さしつけから１年３カ月）

打ち込むことにより材の密度を指標します。ファコップは幹の音波の伝わる速さから、材の強度を指標します。後者は森林総合研究所林木育種センターに調査を依頼して実施しました。

この結果、周辺木と比較したところ、ピロディンは10本中2位、ファコップも3位で材質に遜色はありませんでした＊2。

「丹沢 森のミライ」の形質と品種登録

この「丹沢 森のミライ」は、種子で増殖することができない両性不稔品種ですが、さし木で容易に増殖可能です。有利な形質である反面、第三者が勝手に作って販売することが容易にできます。そこで品種登録という品種のための特許を取ることとしました。登録を

表1　丹沢 森のミライの特性の比較

形質名	ナンゴウヒの特性	出願品種の特性
球果の大きさ	褐色で1.1㎝、0.76ｇ	黄褐色で0.9㎝、0.29ｇ
種子	開裂し種子を放出	ごく小さい種子のみ形成し種子を放出しない
種子の稔性	発芽する	全く発芽しない
雌花	赤褐	淡緑
雄花	花粉を飛散	開花するが花粉嚢が開かず花粉を飛散しない

神奈川県（2018）“神奈川無花粉ヒ１号”品種登録出願資料

取ることによって品種の権利が保護されるばかりでなく、品種として国（農林水産省）のお墨付きを得ることができます。登録には植物の種類ごとに定められた特性を調査し他の品種と異なることを明確に示す必要があります。ヒノキでは、九州のさし木品種である「ナンゴウヒ」が基準品種として決まっており、他に少花粉品種の2種との比較表を作りました。色や葉の形など指定された詳細な事項の品種特性を調査しました。調査の結果、両性不稔品種であることもあり、雄花、雌花や球果の色や大きさなど繁殖に係る器官の色や形態が異なっていました（表1）。他にもヒノキの葉は冬になると葉の色が変わるのですが、冬の葉色が比較的緑色が強く他の品種と異なっていました*2。それらの結果をとりまとめて、２０１８年７月に「神奈川無花粉ヒ1号」として農林水産省に種苗法にもとづく品種登録出願を行いました。申請後２０１８年10月に出願公示されたことにより仮保護期間となり、２０１９年５月に神奈川県山林種苗協同組合と許諾契約を締結し苗木生産を開始しました。同時に森林・林業関係者に品種名の募集を行い、愛称が「丹沢 森のミライ」と決まりました。農林水産省の現地調査を経て出願から4年後の2022年3月に品種登録されました。登録期間は最長で30年間となります。

「丹沢 森のミライ」さし木の採穂園整備と生産拡大

さし木による苗木の生産方法も確立したことから、今度は生産に必要な「さし穂」を育成する必要があります。そこでさし穂の生産のため、2019年に自然環境保全センター所内苗畑に「無花粉ヒノキ採穂園」を0・1ha造成しました（図4）。採穂園というのは字のごとくさし穂をとるための林です。2024年の春には約2800本の採穂を行いました。苗木の需要に応じてさらに拡充を図る予定です。

採穂園で採取したさし穂は苗木生産者に配布し、苗木生産を開始しました。2019年に初めて採取したさし穂は横浜市内の苗木生産者が2年間育苗し、2021年春に152本が初出荷され丹沢の山中に植栽されました（図5）。2025年春には1000本程度の出荷を見込んでいます。ヒノキのさし木は、品種によっては発根が困難であったり、いわゆる枝の性質が出る枝性により幹が曲がりやすく形質の悪いものばかりになったりします。この品種の特性

図４　無花粉ヒノキ採穂園と採穂する苗木生産者（2024 年４月）

の１つとして、枝の岐出角度があります。これは幹に対する枝の出る角度で比較的狭いナンゴウヒでも60度程度ですが、この品種は50度を下回り枝が上を向く傾向があり、その結果、「丹沢森のミライ」は苗木の通直性が高く林業的に優れた形質を備えています（図3）。出荷のできない不良苗木の発生が極めて少なく苗木生産者にも好評であり、２０２４年春からは5軒の生産者に拡大して苗木生産を行っています。これまでの調査で初期成長も良好なため、今後とも生産拡大を図るとともに、あわせて種子生産可能な雄性不稔となる無花粉ヒノキの選抜を進めて

図5　丹沢山中に植栽された「丹沢 森のミライ」（2024年4月）

います。

引用文献

＊1：齋藤央嗣（2017）ヒノキ両性不稔個体の発見．日林誌99：150-155
＊2：齋藤央嗣・森口喜成・高橋　誠・平岡裕一郎・山野邉太郎（2020）ヒノキ両性不稔品種〝神奈川無花粉ヒ1号〞の特性、神自環保セ報16（2020）1-8

広域連携による花粉発生源対策①
九都県市花粉発生源対策推進連絡会の取組

神奈川県環境農政局緑政部森林再生課森林企画グループ

スギ花粉症の概要

スギ花粉症は、１９６３（昭和38）年に栃木県日光市で発見され、翌１９６４（昭和39）年に初めて報告*1されました。スギは、植栽後十数年経つと雄花ができはじめ、本格的に花粉を生産するのは、通常30年後からと言われています。花粉を生産する31年生（７齢級）以上のスギ林面積は、２０１２（平成24）年度は全国で３９７万haとなっており、１９９０（平成２）年の１７７万haから約２・２倍に増加していることに伴い、スギの雄花の着花量も増加していると推測されており、それがスギ花粉症の患者増加の大きな要因の１つと考えられています。

スギ花粉症の原因物質はスギ花粉ですが、ヒノキ花粉もスギ花粉と抗原の共通点を持っていることから、スギ花粉症患者の7〜8割程度はヒノキの花粉にも反応すると言われています。また、花粉症患者増加の要因としては、飛散する花粉量の増加のほかにも、大気汚染、生活習慣の欧米化による体質の変化、ストレスなどの影響*2が考えられています。

*1　堀口申作・斎藤洋三：栃木県日光地方におけるスギ花粉症 Japanese Cedar Pollinosis の発見
*2　環境省：花粉症環境保健マニュアル2022

広域連携による花粉発生源対策

広範囲に飛散する花粉を発生させるスギ林やヒノキ林について広域的に花粉発生源対策を進めるため、本県を含む近隣9都県市が連携して、「九都県市花粉発生源対策10カ年計画」を定めて対策に取り組んでいます。

第1期九都県市花粉発生源対策10カ年計画

「九都県市花粉発生源対策10カ年計画」は、スギ花粉症の症状の緩和や患者の増加を抑える

図１　神奈川県産のスギ、ヒノキを使用して内装木質化を行った事例（片瀬江ノ島駅）外観

図２　神奈川県産のスギ、ヒノキを使用して内装木質化を行った事例（片瀬江ノ島駅）内観

ため、広範囲に飛散する花粉を発生させるスギ林を減少させるなど花粉発生源対策を共同で進めるべく、２００７（平成19）年5月30日に行われた、第51回八都県市首脳会議の中で議論され、２００８（平成20）年に、埼玉県・千葉県・東京都・横浜市・川崎市・千葉市・さいたま市・神奈川県の８都県市を構成員とし、「八都県市花粉発生源対策10カ年計画」として作成されました。２０１０（平成22）年には相模原市を構成員に加え、「九

都県市花粉発生源対策10か年計画」に改められました。

2008（平成20）年4月1日から2018（平成30）年3月31日までの10カ年とした第1期計画では、九都県市に存在する約13万haのスギ林のうち、花粉発生源として域内の住民への影響が大きいと推定されるスギ林3万2400haを対象に、2万8000haを針葉樹と広葉樹が混じる混交林化、4400haをまったく花粉を生産しないものを含む花粉の少ない苗木や広葉樹へ植替えることを目標としました。目標達成に向け九都県市花粉発生源対策推進連絡会を立ち上げ、まったく花粉を生産しないものを含む花粉の少ない苗木の生産供給体制整備、相互の需給調整、まったく花粉を生産しないものを含む花粉の少ない苗木の確保、発生源対策により伐採した木材の公共施設や民間住宅等への利用など地域材としての有効活用（図1、2）、また、花粉飛散量の測定により飛散量の変化の傾向をとらえるためのモニタリングなどを取組内容としました。

第1期計画の実績は、スギ林の混交林化は1万8710haで当初目標の67％、植替えは1、958haで当初目標の45％に留まっています。

第1期計画期間終了後も、依然として域内の多くの住民がスギ花粉症による健康被害を訴えていることから、「第2期九都県市花粉発生源対策10か年計画」を定め、引き続き広域的な枠組みのもと、花粉発生源対策に取り組むとともに、スギと同様に花粉症の原因となっているヒノキについても計画的に対策を進めることとしました。

第２期九都県市花粉発生源対策10か年計画

第２期計画では、スギ及びヒノキ林について、10年間で２万３７００haを対象に、混交林化またはまったく花粉を生産しないものを含む花粉の少ない苗木や広葉樹への植替えを進めることを目標としています。

計画期間は２０１８（平成30）年４月１日から２０２８（令和10）年３月31日までの10年間とされており、２０２４（令和６）年度で７年目を迎えています。

集計が完了している２０２２（令和４）年度までの実績は、混交林化が目標２万１４００haのところ７０８０・８５ha、植替えが目標２３００haのところ８２５・９２haとなっています。

神奈川県花粉発生源対策10か年計画

「第２期九都県市花粉発生源対策10か年計画」を定めるのと同時期に、神奈川県では独自の取組として「神奈川県花粉発生源対策10か年計画」を定めています。

この「神奈川県花粉発生源対策10か年計画」では、まず花粉発生源対策を推進することにより目指す将来目標を設定することとしました。その設定にあたっては、スギ花粉症が、マスコミ等で大きく取り上げられるようになったのが、昭和50年代後半頃と言われていることから、スギ・ヒノキ林で生産される花粉の量が当時の水準程度となれば、スギ花粉症の症状の緩和や患者数の増加の抑制につながることが期待できると想定して、花粉を多く飛散させるスギ・ヒノキ林の面積を昭和50年代後半に戻すことを将来目標としました。具体的には、昭和50年代後半（1983（昭和58）年を想定）から2017（平成29）年までの間に増加した、31年生（7齢級）以上のスギ・ヒノキ林の面積（要対策面積）1万9395haから、既に実施済みの混交林化及び植替え面積6056haの実績を差し引いて100ha未満は切り捨てた1万3300haについて対策を実施することとしています。

短期の目標として、2018（平成30）年4月1日から2028（令和10）年3月31日までの10年間に、混交林化を推進する取組では、2008（平成20）年度から2017（平成29）年度までで取り組んだ混交林化の実績（4443ha）の1.1倍にあたる5000haを取組目標の数値とし、植替えを推進する取組では、2008（平成20）年度から2017（平成29）年度まで

表１　神奈川県におけるまったく花粉を生産しないものを含む花粉の少ない苗木の年度別生産量（秋～翌年春生産）の経過

(1) スギ

ア．スギ（無花粉スギ含む）（裸苗＋コンテナ苗）

年度産	2009（H21）年	2010（H22）年	2011（H23）年	2012（H24）年	2013（H25）年	2014（H26）年		
生産量（千本）	26	19	22	31	22	19		
年度産	2015（H27）年	2016（H28）年	2017（H29）年	2018（H30）年	2019（R1）年	2020（R2）年	2021（R3）年	2022（R4）年
生産量（千本）	21	42	48	35	61	47	55	31

※2011（平成23）年度以前は、花粉の少ないスギを含む

イ．無花粉スギ（実生＋さし木）（裸苗＋コンテナ苗）

年度産	2009（H21）年	2010（H22）年	2011（H23）年	2012（H24）年	2013（H25）年	2014（H26）年		
生産量（本）	683	437	322	1,353	960	1,592		
年度産	2015（H27）年	2016（H28）年	2017（H29）年	2018（H30）年	2019（R1）年	2020（R2）年	2021（R3）年	2022（R4）年
生産量（本）	2,930	3,887	8,473	7,280	11,249	9,819	14,623	8,983

(2) ヒノキ

ア．ヒノキ（無花粉ヒノキ含む）（裸苗＋コンテナ苗）

年度産		2009（H21）年	2010（H22）年	2011（H23）年	2012（H24）年	2013（H25）年	2014（H26）年		
生産量（千本）	花粉症対策	19	36	29	37	38	37		
	一般	22	14	2	3	6	6		
合　計		41	50	31	40	44	43		
年度産		2015（H27）年	2016（H28）年	2017（H29）年	2018（H30）年	2019（R1）年	2020（R2）年	2021（R3）年	2022（R4）年
生産量（千本）	花粉症対策	30	35	47	51	38	40	52	35
	一般	-	-	-	-	-	-	-	-
合　計		30	35	47	51	38	40	52	35

※2015（平成27）年度以降は、全量花粉症対策品種

イ．無花粉ヒノキ（さし木）（コンテナ苗）

年度産	2020（R2）年	2021（R3）年	2022（R4）年
生産量（本）	152	165	80

で取り組んだ植替えの実績（99ha）の3・6倍にあたる360haを目標数値としています。また、県有林等の県管理森林だけでなく、私有林での植替えを強化するため、無花粉苗木及びコンテナ苗木植栽に対する支援の充実等を図ることとしています（表1）。

「第2期九都県市花粉発生源対策10カ年計画」と計画期間を同じくする「神奈川県花粉発生源対策10か年計画」においても、2024（令和6）年で計画7年目を迎えています。集計が完了している2022（令和4）年度までの実績は、混交林化が1503ha、植替えが95・21haとなっています。

まとめ

花粉発生源対策については、スギ人工林重点伐採区域を設定するなど、国でも対策の強化に取り組んでおり、注目も高まっているところです。今後も、九都県市で連携して広域的に対策に取り組んでいきます。

優良無花粉スギ「立山　森の輝き」の開発と早期普及に向けた取組

富山県農林水産部農林水産総合技術センター森林研究所森林資源課　課長
斎藤　真己

富山県農林水産部森林政策課森づくり推進係普及担当　主幹
山下　清澄

無花粉スギの発見とその特徴

近年、スギ花粉症が社会問題になっていることから、２０２３（令和５）年5月30日の関係閣僚会議において発生源対策、飛散対策、発症曝露対策を３本柱とした花粉症対策の全体像が取りまとめられ、花粉の発生源となるスギ人工林の伐採とその再造林には花粉の少ない苗木による植え替えを行うことにより、スギ花粉の発生量を10年後に2割削減、将来的には半減を目指すこととされました。

こうした状況に先駆け、富山県森林研究所は1992（平成4）年に花粉症対策にとって究極ともいえる性質を持った無花粉スギを全国で初めて発見しました。当時は無花粉のスギが存在するという概念もなく、花粉情報を出すために職員が富山市内でスギの開花調査を行っていた際、偶然発見しました。

このスギは外見上、何ら変わったところはなく雄花も着けますが、全く花粉を飛散しないという特徴を持っていました。雄花の内部を調査したところ、花粉の基となる花粉母細胞は形成され四分子期までは順調に生育していくものの、その後、発育が停止して、最終的には全ての花粉粒が崩壊することが明らかになりました。また、電子顕微鏡で開花直前の雄花内部を確認してみると、通常のスギは花粉の表面に無数のオービクル（0・4㎛程度の微粒子）が付着しているのに対して、無花粉スギではそれが確認されませんでした（図1）。オービクルは花粉の外壁を形成するうえで重要な役割を果たしているため、無花粉スギの花粉が崩壊する主な原因は正常なオービクルが形成されないことに起因していると考えられました。一方、自然交配によっ

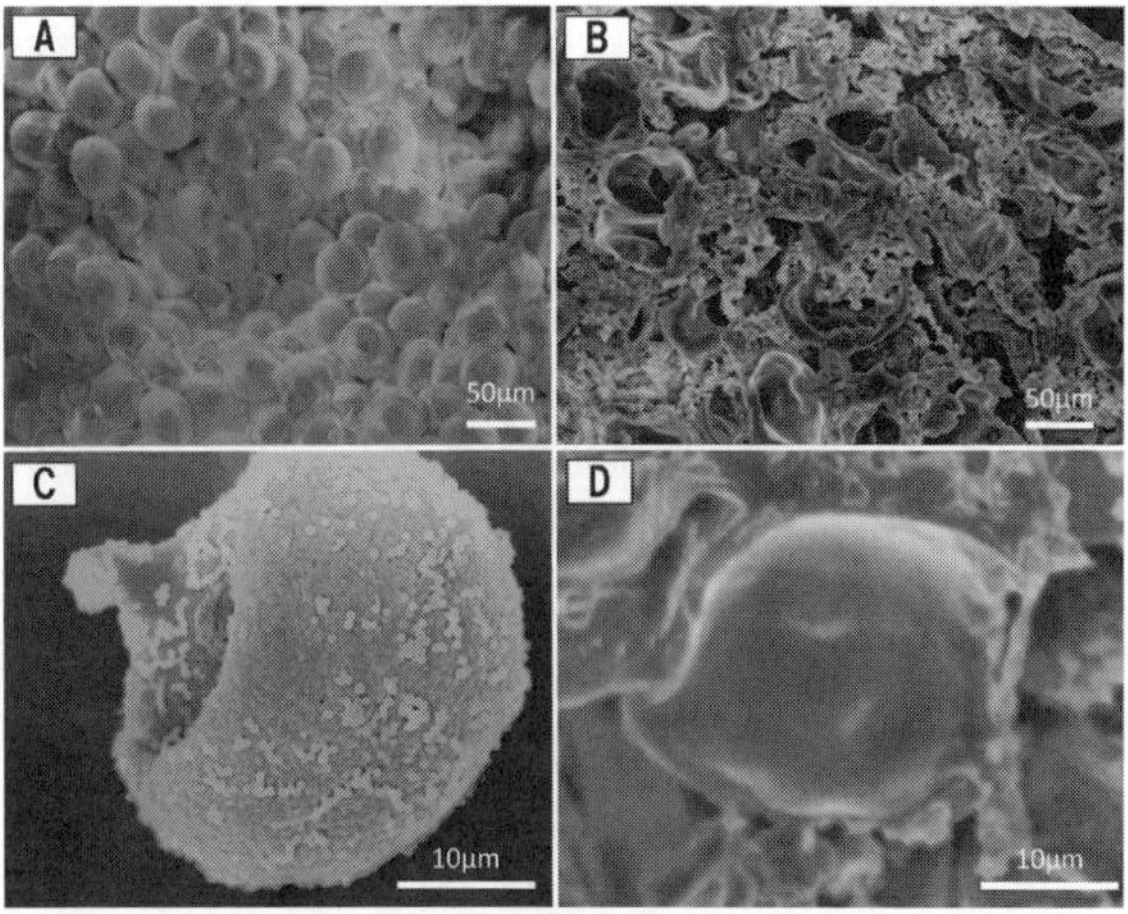

図１　花粉の成熟期おける通常のスギ（A、C）と無花粉スギ（B、D）の雄花内部の比較

（A）通常のスギの雄花内部－花粉が隙間無く詰まっている。
（B）無花粉スギの雄花内部－全ての花粉が崩壊し、残骸のみ。
（C）通常のスギ花粉－表面が無数のオービクルで覆われている。
（D）無花粉スギの花粉の残骸－オービクルは確認されない。
※　オービクルはスギ花粉の表面に存在する直径0.4μm程度の少円形の微粒子で、花粉外壁を構成する主要物質

て得られた種子の発芽率は30％程度と通常のスギと大差なく、その後の苗の生育も順調であったことから、雌花の機能は正常であると判断されました。

無花粉になる性質の遺伝様式の解明

発見した無花粉スギを実用化するためには優良な品種と交配するなどして遺伝的な改良を行う必要があります。そのためには、まず無花粉にな

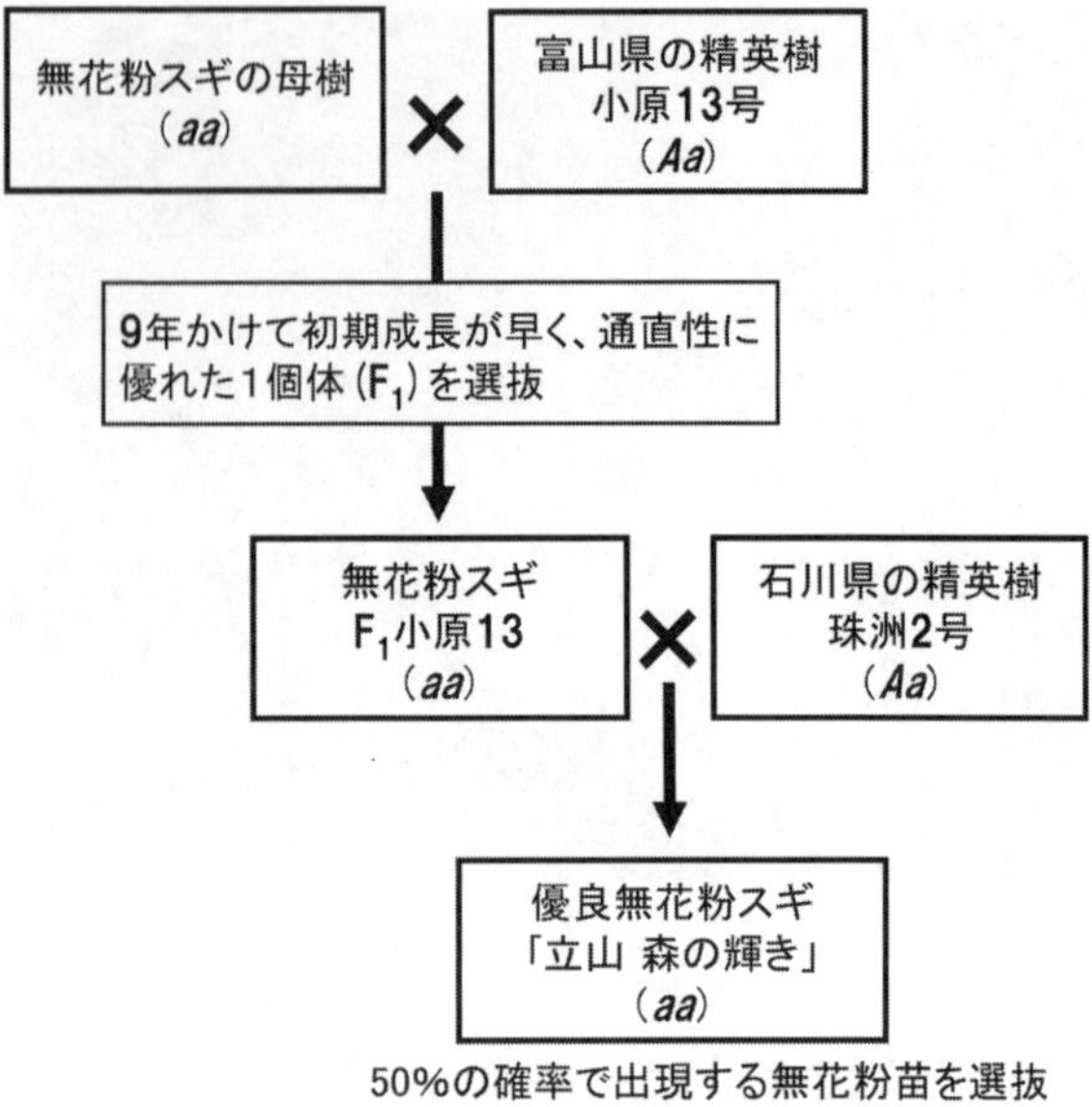

図2　優良無花粉スギ「立山 森の輝き」の交配家系図

得られた苗のうち約50%は有花粉になることから、出荷前に無花粉苗を選抜する必要がある。選抜方法は2年生苗の夏期にジベレリン水溶液（100ppm）を散布して着花を誘導した後、翌春の開花期に雄花を短い棒で軽く叩いて、花粉の飛散を確認する。花粉が飛散した苗はその場で抜き取り、花粉が飛散しなかった苗はそのまま残す。この作業を約10日間で3回繰り返し、3回とも花粉が飛散しなかった苗を無花粉スギとして出荷する。

る性質の遺伝様式を解明しなければなりません。

　無花粉の突然変異体は140種を越える植物で発見されており、その多くは一対の劣性遺伝子によって支配されメンデル遺伝することが報告されています。無花粉になる遺伝子（無花粉遺伝子）を「a」、花粉をつける遺伝子（有花粉遺伝子）を「A」とすると、「aa」

を保有する個体は無花粉となり、「*AA*」もしくは「*Aa*」を保有する個体は有花粉になります（図2）。この無花粉スギも同様の遺伝様式なのではと考えられたことから、検定交配と呼ばれる方法を用いて複数の交配家系を育成し、第二世代まで作出した結果、無花粉の苗が一定の頻度で出てきました。以上のことから、スギの無花粉になる性質も一対の劣性遺伝子によって支配され、メンデル遺伝することがわかりました。

無花粉スギ品種「立山 森の輝き」の開発

遺伝的に優良な無花粉スギ品種の開発に向けて、全国から330の精英樹の花粉を集めて無花粉スギと交配試験を行ったところ、富山県の精英樹「小原13号」と石川県の精英樹「珠洲2号」が無花粉遺伝子をヘテロ型（*Aa*）で保有していることがわかりました。そこで、無花粉スギの母樹（*aa*）と「小原13号」（*Aa*）を交配し、この集団の中から9年かけて無花粉の性質を持ち、さらに初期成長と通直性に優れた1個体（F_1小原13）を選抜しました。このF_1個体に石川県の精英樹「珠洲2号（*Aa*）」を交配して得られた無花粉スギの実生集団が「立山 森の輝き」です（図2）。

この品種は2種類の精英樹を交配親として活用し、さらに選抜作業も経ていることから、遺伝的に優良であることが期待されます。この品種の生育特性を把握するため、従来の富山県の実生品種であるタテヤマスギやさし木品種のマスヤマスギと一緒に検定林を造成し生育調査をしていますが、10年次までの成長は「立山　森の輝き」が最も早く、さらに木材の強度（応力波伝播速度）もタテヤマスギを上回り、マスヤマスギと同程度という良好な結果が出ています。

「立山　森の輝き」の生産計画と効率的な苗木生産

新品種の「立山　森の輝き」を開発した次の課題は、安定的な苗木の生産量を確保することでした。花粉症対策の一環として「立山　森の輝き」を活用するため、増産を行う長期計画をたてるとともに、効率的な苗木生産技術の確立に取り組みました。

苗木の生産計画

２０１２（平成24）年から始まった苗木生産は、県が富山県樹苗緑化協同組合に委託生産することに加えて、新規の民間生産者に技術移転を進めることにより増産を続け、２０２０（令和２）年からは10万本、２０２６（令和８）年度からは実生苗からさし木苗へ切り替えを進める

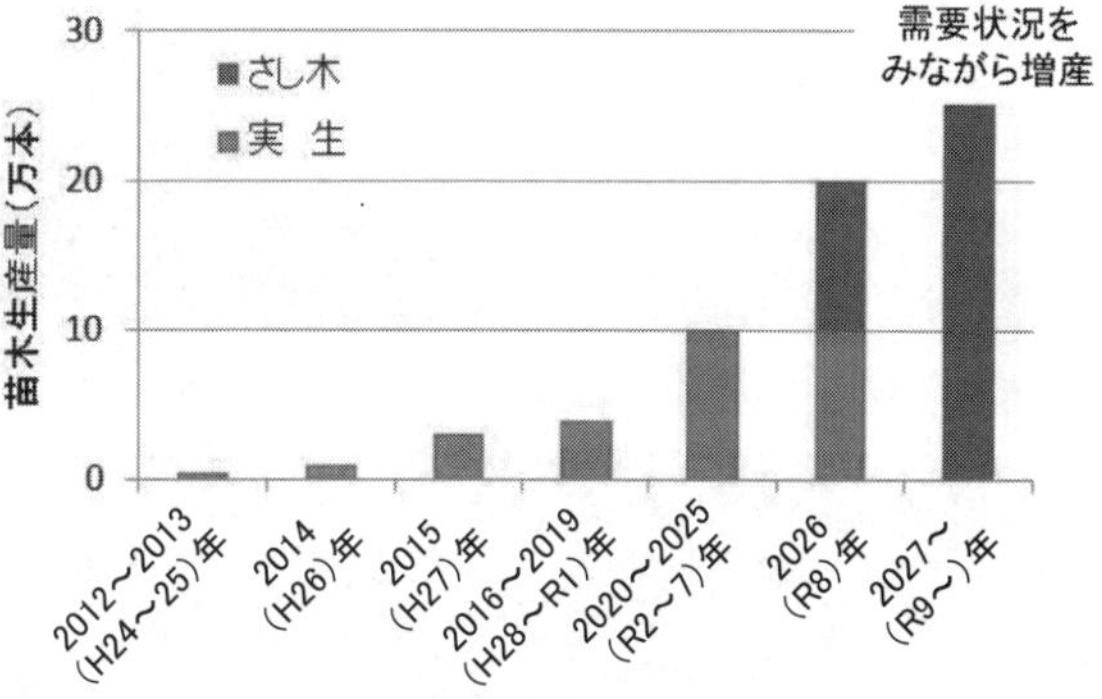

図３　「立山 森の輝き」苗木の生産計画

ことにより20万本を生産する計画となっています。（図3）

種子の大量生産技術

「立山 森の輝き」のような特定の組み合わせによって種子を生産する場合は外部の花粉と受粉するのを防ぐため、開花前の雌花に袋かけを行った後、その中に花粉を注入することで種子生産を行います。しかしながら、この方法では手間がかかり大量生産は困難であることから、富山県では室内ミニチュア採種園と呼ばれる施設を造成しました（図4）。この方法は大型のビニールハウス（5・6m×13・5m）の中に「立山 森の輝き」の種子親（F_1小原13）と花粉親（珠洲2号）を混在させて、4台の扇風機で室内の空気を循環させ自然交配させています。そうすることによって、外部の花粉と

図４　「立山 森の輝き」の種子生産を行っている室内ミニチュア採種園

種子親（*aa*）と花粉親（*Aa*）を交互に配置してある。

受粉する可能性は極めて低くなり、さらに従来の袋がけによる交配作業も必要なくなることから、省力的かつ効率的な種子生産が可能になりました。富山県ではこの採種園を４棟造成し、年間10万本分程度の種子の安定生産が可能になりました。

農業用機械を活用した苗の植え付け作業の省力化

従来の育苗体系は畑の準備から播種、苗の植え付けまで作業の大半が手作業であり、非効率でした。そこで、現在の育苗体系を見直し、人力に頼っている苗の植え付け作業の機械化について検討しました。

苗の植え付け作業を機械化するために

は、①現在の育苗体系を元にした移植機を開発し、農業機械のメーカーに特別注文するか、あるいは②既存の野菜用移植機を活用し、その機械に合わせた新たな育苗体系を確立するかのいずれかの選択となります。

短期間＋低コストで植え付け作業の機械化を実現するためには、②既存の野菜用移植機を活用し、現在の育苗体系を変える方が早いと判断しました。そこで、まずは現行の育苗体系と市販されている植え付け機の数種を比較したところ、一畝あたり4条植えの「タマネギ用移植機」が最も適していると考えられました（図5A）。次に、農機メーカーの担当者と打ち合わせを行い、農業用のセルトレーでスギ苗を育苗できれば機械化は可能と判断されたため（図5B）、セルトレーを用いた育苗試験を行うのと同時にタマネギ用移植機の実証試験を繰り返した結果、植栽間隔が20㎝×14㎝で、1時間当たり約1800本／人の植え付けができるようになりました。この技術が確立されたことで、これまでの手植えに比べて10倍以上の生産効率になりました。

実生苗（50％）からさし木苗（100％）へ

これまで、「立山 森の輝き」の苗木生産は種子から育てた実生苗で行われていましたが、この生産方法は短期間で大量増殖が可能になる利点があるものの、メンデル遺伝の法則により約50％の頻度で有花粉の苗が混ざるため、出荷前に無花粉苗の選抜の手間がかかるなどの欠点があります。そのため、２０２６（令和８）年度からは１００％無花粉になる「さし木苗」に切り替える計画になっています。具体的には、２０１２（平成24）年と２０１３（平成25）年に植栽した約１万本の「立山 森の輝き」の実生集団の中から、成長や通直性などに優れた個体を約２０００本選抜し、これらを「さし木増

図５　タマネギ用移植機（Ａ）を活用したスギ苗の植付け作業

機械に座ったままターンテーブルのカップの中にセル苗（Ｂ）を入れていくだけの簡単な操作で、次々とセル苗が植付けされていく。また、植付けと同時に灌水する装置もついているため、植付け後の灌水作業が不要で活着も良い。

図6　「立山 森の輝き」の採穂林

効率的にさし穂が採取できるように樹形を低く維持している。この採穂木1個体から毎年20本程度のさし穂を採取することができる。

殖」して、県内3カ所において県営の採穂林（約1万3000本の採穂木）を造成しました（図6）。

この採穂林からさし穂を生産することで、高い遺伝的多様性を確保しつつ、優良な無花粉のさし木苗を100％の頻度で生産することができるようになります。

現在、民間生産者に対して、実生栽培からさし木栽培に切り替えるために必要な技術指導を行い、生産拡大に取り組んでいるところです。

休耕田を活用した無花粉スギコンテナさし木苗の省力的な水耕栽培技術

県内では以前から中山間地を中心に増加している休耕田の有効活用が課題になっていました。そこで、この休耕田をコンテナさし木苗の水耕栽培と採穂林

図７　休耕田を活用した無花粉スギの効率的なさし木苗生産システム

水耕栽培の育苗プール（左）には雑草を防除するためブルーシートを敷いている。また、ここでは酸素不足による根腐れを防ぐため、農業用水を掛け流しにし、育苗用コンテナ（ポット）の底面２㎝程度が水につかるように水位を調整している。

の両方に活用し、効率的にさし木苗を生産するシステムの構築に取り組んでいます（図7）。これまで休耕田をスギの採穂林に活用したという事例がなかったため、富山県農業研究所や果樹研究センターと共同で、早期に休耕田を採穂林として活用する方法について検討したところ、①休耕田の地下水位が50㎝以下で、②作土深が20㎝程度あり、③土壌成分に大きな問題がないといった条件を満たしていれば、特別な排水処理などを行わなくても採穂木は順調に成長し、採穂林の造成は可能であることがわかりました。

効率的なさし木苗の水耕栽培では、

マルチキャビティコンテナと呼ばれる苗木生産専用の育苗ポットに直挿しする方法で調査を進めており、寒冷紗をかけて、緩効性肥料を調整することで1年程度の育苗期間で出荷規格まで成長させることが可能になりつつあります。

これら一連の技術が確立されれば、休耕田の採穂林からさし穂を採取した後、隣接する水耕栽培用の育苗プールで挿しつけを行うだけでさし木苗生産が可能になるため、これまでにない効率的な育苗技術になると考えられます。さらに、この方法はビニールハウスや自動散水装置なども不要になることから、低コストで新規生産者が取り組みやすいさし木苗の生産システムになると期待されます。

「立山 森の輝き」の普及拡大に向けた取組

富山県では、２００７（平成19）年に創設された、県独自の「水と緑の森づくり税」を原資に各種森づくり事業を展開しており、その中で花粉症発生源対策とともに、再造林による森林資源の循環利用を目指す〝優良無花粉スギ「立山 森の輝き」普及推進事業〟を進めています。

この事業は森林所有者、市町村、県の３者が協定を結び、伐採跡地への「立山 森の輝き」の

図８　「立山　森の輝き」の植栽地（植栽後３年経過）とPR看板

植栽と初期保育にかかる経費を支援するもので、植栽地にＰＲ看板を設置し、周辺への波及効果も期待しています。（図８）

この事業の他、県内における各種森づくり活動への苗木の提供や、東京日比谷公園での植樹等首都圏でのＰＲ（図９Ａ）、２０１７（平成29）年に富山県で開催された全国植樹祭では、天皇陛下（現・上皇陛下）にお手植えいただくなど（図９Ｂ）、機会を捉え、全国に向けたＰＲにも務めてきました。（こうした取り組みの結果、県内においては、これまで（２０２３（令和５）年度）に２１８haのスギ人工林伐採跡地において、約47万８０００本の「立山　森の輝き」が植栽されました。

また、県外向けとしては、２０２０（令和２）

年度に福井県に５０００本出荷したことを皮切りに、２０２３（令和５）年度までに福井・新潟・石川の３県に約２万８０００本の「立山 森の輝き」の苗木を出荷しており、２０２４（令和６）年度には福島県へも出荷を行いました。

図９　「立山 森の輝き」のPR活動

(A) 東京日比谷公園での記念植樹イベント(2013(H25)年2月21日)

(B) 第68回全国植樹祭での天皇陛下によるお手植え(2017 (H29) 年5月28日)

図10　優良品種認定された「立山 森の輝き」1～10号の展示林

富山県は林業種苗法で定められた種苗配布区域の第二区であるため、「立山 森の輝き」の苗木を東北、関東、関西、四国地域へ広げることも可能です。今後は全国的な需要増加も期待できることから、県外からの要望にも対応できる供給体制の整備が必要と考えています。

〝エリート無花粉スギ品種〟の開発に向けて

「立山 森の輝き」は2010（平成22）年に造成した2カ所の試験林で継続的な調査を行っていますが、その中から、さらに、成長性、材の強度特性、通直性、さし木の発根性に優れた10個体を選抜しました（図10）。これらを「立山 森の輝き」1～10号と命名して、本県在来の精英樹と比較調査した結果、上記の有用な性質が精英樹を上回っていたことから、2021（令和3）年1月に行われた「優良品種・技術評価委員会」で優良品種として認定されました。そこで、新品種の開発に向けて、「立山 森の輝き」1～10号と無花粉遺伝子をヘテロ型（*Aa*）で持つ富山県選抜品種「座主坊（ざっすんぼう）」を交配し、現在、無花粉のF_1家系を育成中です。花粉親の「座主坊」は成長が極めて早く、さらに木材の強度も高いことから、これらの交配は現時点で考えられる最高の組合せと考えられ、「立山 森の輝き」をさらに上回る〝エリート無花粉スギ品種〟になると期待しています。

静岡県の閉鎖型採種園における特定苗木用種子の生産や課題について

静岡県農林技術研究所森林・林業研究センター 主任研究員
福田 拓実

静岡県の閉鎖型採種園における特定苗木用種子の生産

静岡県では、主伐・再造林後の育林の低コスト化、花粉発生源対策の一環として、県内に植栽される苗木を「特定苗木」に転換する取組を進めています。特定苗木とは、成長量に優れるなどの特長を有すると認められた「特定母樹」を親に持つ苗木です。特定苗木は成長に優れるだけでなく、雄花着花性について一般的なスギ・ヒノキの花粉量のおおむね半分以下であり、少花粉系統と同様に花粉の少ない苗木に位置づけられています。

一般的な採種園は野外に造成し、自然交配しますが、それでは外部から花粉が侵入する可能性があり、特定母樹だけの採種園であっても生産される種子の両親が特定母樹とは限りません。そこで、静岡県では、特定苗木用種子の生産において、確実に両親ともに特定母樹となるよう「閉鎖型採種園」を導入しています。

閉鎖型採種園における種子生産の最大の特徴は、ビニールハウス内で人工交配を行うことです。野外でスギ・ヒノキの花粉が飛散する時期にハウスを閉鎖し、外部からの花粉をシャットアウトしますが、スギ・ヒノキは風媒花であり、ハウス内では自然交配しないので、雄花の開花期に花粉を回収、精製し、その花粉を雌花へ吹きつけて交配させることで種子生産を行います。静岡県では、この閉鎖型採種園のビニールハウスを、スギ16棟、ヒノキ12棟の合計28棟造成し、２０１８（平成30）年度からスギの種子生産を、２０２１（令和３）年度からヒノキの種子生産を行っています（図1、2）。生産を開始してから２０２２（令和４）年度末までに供給した種子のうち、苗木換算でスギは51・5％、ヒノキは1・1％が特定苗木に置き換わりました。

閉鎖型採種園での種子生産量は、母樹の成長に伴い、右肩上がりで推移していました。しかし、２０２３（令和5）年度は特にスギで生産量が大きく落ち込みました（図3）。これは、２０２２（令和4）年度に多くの母樹を一斉に断幹したことが原因と考えています。

図１　閉鎖型採種園（外観）

図２　閉鎖型採種園（内観）

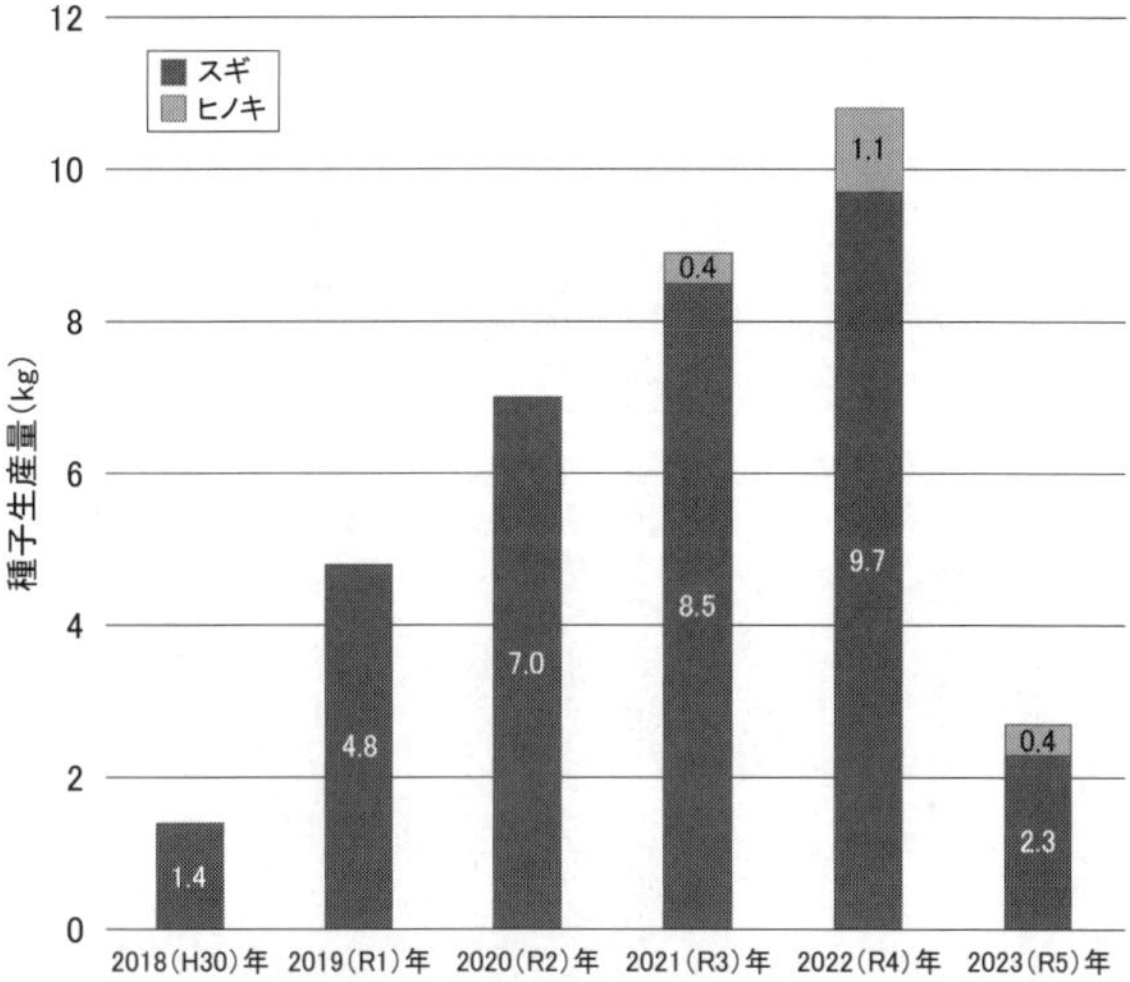

図３　閉鎖型採種園での種子生産量

閉鎖型採種園で生産された種子は、その全てが苗木生産者に売り払われています。静岡県が生産するスギ・ヒノキ種子は、特定母樹由来以外も全て少花粉系統由来のものになっていますが、特定母樹由来の種子は成長にも優れるとの期待が高く、より多くの生産、供給が求められています。

閉鎖型採種園における種子生産の課題

ヒノキ種子生産の課題

閉鎖型採種園では、若齢の母樹に着花させるため、スギではジベレリンを葉面散布していますが、若齢ヒノキではジベレリン散布による着花がほとんど見られません。そこで、ヒノキにはジベレリンを使用せず、夏場に母樹に与える潅水量を少なくし、ストレスを与えることで、雄花・雌花を着花させています。この手法により安定的な着花が確認されましたが、年度によっては、花芽、雄花の褐変、枯死が確認されています。特に雄花の枯死が多く確認され、枯死が起これば人工交配が行えないという問題点があり、枯死の要因も未だ解明できていません。

さらに、花粉を採取して人工交配を行っても、なかなか採種までこぎ着けることができないため、採種量は少なく、安定した種子生産に結びついていません。このように、ヒノキでは、閉鎖型採種園における種子の安定生産技術が確立できていない現状であり、対応すべき課題が残っています。

種子生産体制の課題

静岡県農林技術研究所森林・林業研究センターでは、2018（平成30）年度から2020（令和2）年度にかけて、閉鎖型採種園における種子生産に関するプロジェクト研究を行い、まとめとして2020（令和2）年12月に「閉鎖型採種園の管理マニュアル（以下マニュアル）」を作成しました。マニュアルでは閉鎖型採種園における種子生産体制をある程度体系化しましたが、プロジェクト研究の期間が3年間と短かったことから、暫定版としています。先述したヒノキ種子生産の課題への対応を含めて、種子生産技術・体制の確立を目指して、2021（令和3）年度以降も引き続き閉鎖型採種園における種子生産等に関する研究を継続しています。

種子生産体制の課題として、実際の種子生産現場では、大きく2つの課題があります。1つ目は、一部の管理方法が試行的である点です。マニュアルには、水管理や温度管理、施肥管理などの項目がありますが、これらはあくまでも母樹を枯らさない条件を記載するだけにとどまっています。安定的な種子生産を行うための管理方法については、他県などとも協力しながらもうしばらく試行錯誤して、マニュアルを改訂していく必要があると考えています。

2つ目は、従来の屋外の採種園から閉鎖型採種園への転換に伴い、作業者個人の観察力を高める必要がある点です。閉鎖型採種園への転換で業務量が大きく変わることはありませんが、閉鎖型採種園はビニールで閉め切られた栽培環境のため、母樹には常にストレスがかかっている状態であり、異常な状況に陥りやすいので、屋外の採種園よりも頻繁に母樹の状態を観察する必要があります。

また、閉鎖型採種園の要となる人工交配では、雌花1つ1つの開花状況を把握して、ハウス

表1　系統別特定母樹と少花粉系統の樹高、根元径

系統	個体数	樹高（cm）			根元径（mm）		
T21	9	327.8	±	103.9	43.66	±	13.63
T23	10	362.8	±	79.0	48.21	±	19.69
T24	8	393.0	±	67.7	49.49	±	11.04
T25	10	374.9	±	89.4	48.23	±	19.01
少花粉	9	342.4	±	89.9	39.48	±	10.98

※網掛けの系統（T24）は樹高、根元径共に少花粉系統よりも成長に優れる

を閉鎖するタイミングを見極める必要があります。さらに、交配作業では、開花状況を見極め、開花している雌花に花粉を確実に吹きかける必要があります。

このように、従来の採種園から閉鎖型採種園への転換は、種子生産体制において、林業分野から施設栽培という農業分野への転換に近いものと考えており、生産管理等での作業者の認識の差を埋める必要があります。

特定母樹の評価

静岡県で選抜した母樹のうち、スギ30系統、ヒノキ27系統が特定母樹として認定されましたが、これらの系統が持つ形質の評価も進める必要があります。スギについては、特定母樹4系統と従来系統である少花粉系統の苗木を、２０２０（令和２）年度に静岡県浜松市浜名区に植栽し、樹高と根元径を計測して比較しました。その結果、４成長

図４　検定林造成の様子

期後の時点で少花粉系統よりも成長が早い特定母樹の系統が確認されました（表1）。しかし、この試験地は、系統数、個体数ともに少ない小規模なものです。系統別の成長量等について確実な検証を行うためには、同時に植栽する系統数、個体数をより多くした状態で調査する必要があります。そこで、関係各所と調整を重ね、２０２４（令和６）年度から静岡県浜松市天竜区にある県有林で検定林の造成を始めています。検定林は、２０２４（令和６）年春に11系統のスギ特定苗木を約５００本植栽し、２０２９（令和11）年度まで造成する計画です（図４）。

検定林では、樹高、根元径（胸高直径）などを10年間調査し、静岡県選抜特定母樹の形質について順位づけを行う予定です。得られた結果は閉鎖型採種園における種子生産へフィードバックし、優れた形質を持つ特定苗木が生産される可能性が高まるよう改良していきます。これらの取組を通じて、静岡県内に植栽されるスギ・ヒノキ苗木の全てを特定苗木に転換することを目指し、閉鎖型採種園における種子生産に関する取組が、林業全体の活性化、森林の多面的機能の発揮に寄与し、さらに花粉症対策にもつながることで、社会的に価値があるものになっていくことを期待しています。

静岡県における無花粉スギ研究と品種開発

静岡県農林技術研究所森林・林業研究センター　資源利用科長
袴田　哲司

無花粉スギの作出と品種開発

花粉症は大きな社会問題となっており、国民の40％程度が罹患していると言われています[*8]。その対策の1つとして、花粉が全く飛散しない「無花粉スギ」が注目されています[*11、12]。富山県の研究により、静岡県のスギ精英樹である大井7号や他県のいくつかの精英樹が無花粉の遺伝子を潜性（劣性）で有することが明らかになったことから[*10]、静岡県農林技術研究所森林・林業研究センターは、新たな農林水産政策を推進する実用技術開発事業「スギ雄花形成の機構解明と抑制技術の高度化に関する研究」（2006～2008年度）に参画し、その中の一課題として、造林における有用な形質を保つため、精英樹どうしの交配による無花粉スギの作出を行うことにしました。

「A」を顕性（優性）の有花粉遺伝子、「a」を潜性の無花粉遺伝子で表した場合、大井7号は遺伝子の組み合わせとしては「Aa」となります。スギにはオモテスギ、ウラスギというような遺伝的な地域変異がありますが、これを考慮して太平洋側のスギどうしを親にすることにしたため、大井7号と同じく無花粉の遺伝子を潜性で有する神奈川県の精英樹中4号（Aa）との人工交配を行い、精英樹系のF_1を作出しました。メンデルの遺伝の法則では、Aa×Aaの交配によって3：1の割合で有花粉個体（AAまたはAa）と無花粉個体（aa）が得られます。これを確認するために幼苗段階でジベレリンにより強制着花させ、雄花内の花粉の有無を顕微鏡で確認したところ、おおむね理論値と同じ分離比となり、多数の無花粉スギ苗を得ることができました。

これらのうち健全に育った76個体を、2010年4月に実生由来の「原木」として静岡県西部農林事務所育種場（浜松市浜名区宮口）の苗畑に植栽しました。その後、これらの原木を採穂母樹として挿し木増殖で苗を育成し、同育種場の別の苗畑に2013年3月～4月に「挿し木苗」として植栽しました。

このように無花粉スギの育種材料を整備したうえで、原木と複数の挿し木苗について、初期成長、応力波伝播速度による材質、挿し木発根性などの形質評価を行うとともに、無花粉であることを再確認しました。その結果、1クローンが対照とした精英樹系のスギと同等以上の形質であったため、2018年1月に「国立研究開発法人森林研究・整備機構森林総合研究所林木育種センター優良品種・技術評価委員会設置要領」に基づき、「花粉症対策品種」としての申請を行い、審査の結果、同年2月に基準を満たす花粉症対策品種として評価されました（表1）。この品種は、静岡県の精英樹と神奈川県の精英樹との交配によって作出したため、「静神不稔（しずかみふねん）1号（いちごう）」と名付けました。

静神不稔1号開発後には、イノベーション創出強化研究推進事業「革新的技術による無花粉スギ苗木生産の効率化・省力化と無花粉品種の拡大」（2017〜2019年度）が立ち上がり、この課題の中でも形質調査を進め、2018年11月に優れた成長と材質特性を有する1クローンを新たに花粉症対策品種として申請しました。この品種は、交配親を持つ神奈川県自然環境保全センター、無花粉遺伝子保有精英樹を発見した富山県農林水産総合技術センター森林研究所、さし木発根率等の調査を行った東京都農林総合研究センター、森林総合研究所林木育種センターとの共同開発とし、新たな花粉症対策品種となりました。2〜4月の3カ月間が主なスギ花粉飛散時期であること、飛散が最も多い月は3月であることの2点を「三月」で表現

表１　無花粉スギ品種の形質データ[a)]

品種＼特性	原木[b)] 調査年次	原木 樹高 cm	原木 胸高直径 cm	原木 応力波伝播速度[d)] m/s	挿し木苗[c)] 調査年次	挿し木苗 樹高 cm	挿し木苗 根元経 cm	挿し木苗 胸高直径 cm	挿し木苗 応力波伝播速度[d)] m/s	挿し木発根率 (%)
静神不稔１号	3	458	5.9	1936	2	210		1.3	1931	100
対照[e), f), g)]	3	434	5.9	1731	2	195		1.3	1791	88
三月晴不稔１号	3	443	6.1	1859	2	219	3.6		―	85～95
対照[e), f), g)]	3	434	5.9	1731	2	195	3.5		―	46～90
三月晴不稔２号	3	446	6.1	1854	2	211	3.4		―	86～100
対照[e), f), g)]	3	434	5.9	1731	2	195	3.5		―	46～90
三月晴不稔３号	3	514	6.9	2142	5	450		5.8	2504	100
対照[h), i), j)]	3	467	5.8	2051	5	396		4.3	2370	93～100
						455		5.0	2152	

a）※４ ※５ ※13 を改変　優良品種・技術評価委員会への品種申請データに基づく
b）交配により作出した原木（オリジナル個体）
c）原木から挿し木増殖した個体
d）応力波伝播速度：材質を評価する指標の１つ
e）原木の対照：同所、同時期に植栽した♀大井７号×♂中４号の交配家系有花粉苗の平均
f）挿し木苗の対照：同所、同時期に植栽した精英樹筑波１号の平均
g）挿し木発根率の対照：静岡県または東京都の精英樹による挿し木
h）原木の対照：樹高と胸高直径は、同所、同時期に植栽した♀大井７号×♂中４号または♀中４号×♂大井７号の交配家系無花粉苗の平均　応力波伝播速度は、同所、同時期に植栽した♀田原１号×♂大井７号、♀大井７号×♂中４号、♀中４号×♂大井７号の各交配家系無花粉苗の平均
i）挿し木苗の対照：同所、同時期に植栽した精英樹挿し木苗の平均、または少花粉品種で構成された採種園由来の実生苗の平均
j）挿し木発根率の対照：花粉症対策品種「三月晴不稔１号」または「三月晴不稔２号」の平均

し、その期間を花粉症の方々が晴れやかに過ごすことができれば良いという思いを込め、名称を「三月晴不稔1号（みつきばれふねんいちごう）」としました（表1）。これに続いて、同じく5機関で申請した1クローンが同年11月に「三月晴不稔2号（みつきばれふねんにごう）」として花粉症対策品種に加わりました（表1）*4、5、6、7、9、13。

クラウドファンディングによる無花粉スギ研究

静岡県では、２０２２年度からクラウドファンディングによって研究資金を募集する事業を始めています。これは、設定した目標金額を上回る募金を得られれば研究課題が採択されるもので、「花粉の出ないスギで林業の発展と花粉症の緩和に貢献したい！」というタイトルで、募金を開始しました。募金活動としては、森林、林業、林産業に関係する団体への周知、各種講演会の場でのＰＲや林業関係イベントでの無花粉スギの展示、Ｔwitter（現Ｘ）上でのサイト開設、地元新聞や業界誌等への掲載、旧知の研究者へのお願いなどを行いました。これらの活動が功を奏し、約1カ月半の募集期間中に92名（団体を含む）の皆様から総額96万４９００円の御支援をいただき、採択となりました。

クラウドファンディングによる研究事業の期間中には、それ以前に開発した3品種に加えて、新たな無花粉スギ品種の開発を行いました。2012年11月に神奈川県から譲渡を受けた♀中4号×♂大井7号の交配で作出した無花粉スギの原木を静岡県西部農林事務所育種場に植栽し、これらを母樹としてさし木苗を育成した後、2016年4月に浜松市天竜区両島の民有地に対照木とともに植栽しました。原木と挿し木苗から取得したデータを精査し、三月晴不稔1号、三月晴不稔2号と同様に5機関共同で優良品種・技術評価委員会へ品種申請を行い、その結果、2022年11月に新たな無花粉スギ「三月晴不稔3号（みつきばれふねんさんごう）」が生まれました（表1、図1）。

この品種開発には、クラウドファンディングによる支援金を活用したため、一般の方々に広く認知してもらうことを目的に、愛称を公募しました。Twitter（現X）、新聞、懸賞や公募のウェブサイトを通して2022年12月〜2023年2月に募集したところ、370件の応募があり、静岡県の選定委員会による協議の結果、愛称は「MU-FUN」（むふん）となりました。「MU-FUN」は2024年に浜松市で開催された「浜名湖花博2024」にも展示し、多くの来場者に見てもらうことができました。

クラウドファンディングによる資金の募集や愛称の公募は、造林用樹種の品種開発や研究において全国初の試みでしたが、支援者や応募者から多くの励ましの声をいただきました*[4、5、6、13]。

研究成果の普及と情報発信

静岡県が主体となって開発した4品種のうち、三月晴不稔1号、三月晴不稔2号、三月晴不稔3号は、共同開発した各機関でクローン苗を共有しており、今後の研究材料や種苗生産の母樹として活用される予定です。このうち、森林総合研究所林木育種センターでは「原種園」で苗を育成しており、今後の種苗生産のために、ここから林業種苗法におけるスギの種苗配布区域第三区（宮城県、福島県、栃木県、群馬県、埼玉県、茨城県、千葉県、東京都、神奈川県、長野県、山梨県、岐阜県、愛知県、静岡県）に穂木を配布することが可能です。したがって、静岡県以外でも三月晴不稔の3品種を母樹として種苗生産していただくことができます。

図1
三月晴不稔３号
（愛称　MU-FUN（むふん））*4

一般向けには成果普及のパンフレットを作成し、「花粉症対策に朗報！　無花粉スギ優良品種の開発」を発行しています*13。これと併わせて、普及用ＰＤＦファイル「あたらしい林業技術　花粉症対策無花粉スギ優良品種の開発」も作成しました*5。これらはインターネット上に公開されており、一般の方々も容易に入手できます。この他、動画配信をするとともに、地元テレビ局からの取材に応じ、ニュースでも何度か紹介してもらうことができました。

無花粉スギとエリートツリーを組み合わせた植栽の一案

花粉症対策に有効な無花粉品種や少花粉品種、優れた成長形質を有するエリートツリーや特定母樹などが林木育種の主要な成果として開発されています。これらの品種はそれぞれ特長を持っていますが、さまざまな育種目標のすべてを満たすとは言えず、造林の目的に適した品種を選択し活用することが望ましいと考えられます。林業の振興と花粉症対策をという2つの目標を定める場合、それぞれの品種の特長を活かした植栽方法を取ることが重要です。そこで、花粉症対策として有効な無花粉スギ苗と成長に優れるエリートツリーや特定母樹由来の苗を組み合わせた植栽方法について考えてみました。

全国的に主伐・再造林の事業が進められている中で、皆伐地へ再造林する場合に、林内路網

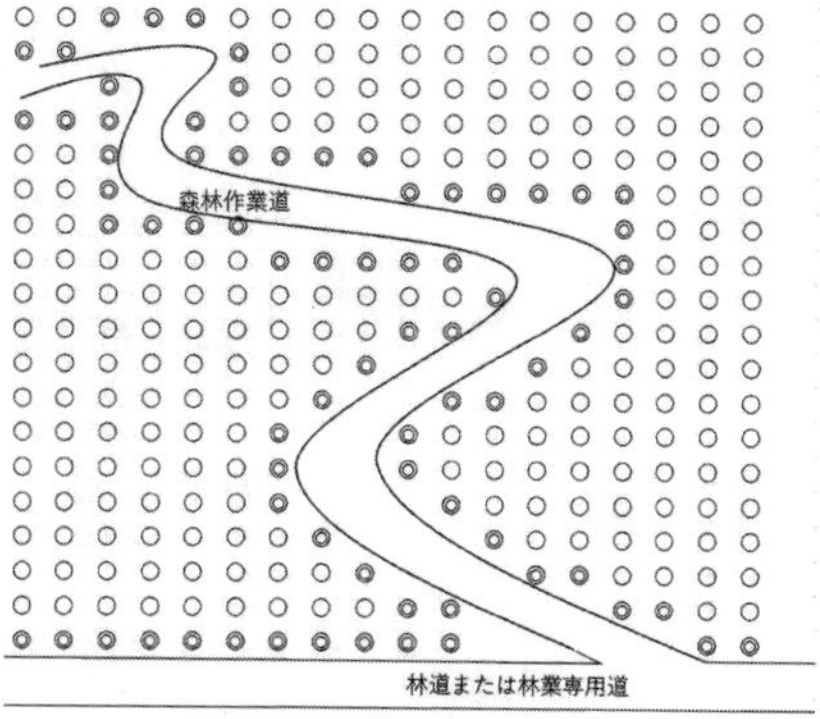

図２　エリートツリーまたは特定母樹由来スギ苗と無花粉スギ苗の植栽配置一案[*6]

○：エリートツリーまたは特定母樹由来スギ苗
◎：無花粉スギ苗

に仕切られた植栽地の内側には遺伝的に優れた成長形質を有するエリートツリーや特定母樹由来の苗を植栽することにします。一方、スギの雄花は日当たりの良い林縁で着生しやすいことが知られているため、エリートツリー等の苗を取り囲むように道沿いの林縁には無花粉スギを植栽します（図２）。無花粉スギは成長面ではエリートツリー等の苗に遺伝的な能力としては及ばないかもしれませんが、林縁効果による成長促進が期待できます。内側の植栽木は優れた成長形質を発揮すると思われますが、成長して樹冠が閉鎖すれば側枝は日陰になることから林縁ほどの雄花着生はないと予想されます。現状ではこのような林分は皆無ですが、無花粉スギとエリートツリーなど、同一植栽地においても異なる特長を持った苗木を適材適所の配置で植栽することが新たな造林方法になることを期待します*6。

無花粉スギ研究の将来に向けて

樹木の場合、品種開発は一朝一夕にできるわけではなく、形質評価のためには長期間に渡り試験林を整備しておく必要があります*3。そのため、数十年先の調査研究を見据えて、作出した各種の無花粉スギを、富士市、島田市、浜松市など静岡県内の各地に植栽し、これらの管理と若齢期の形質評価も地道に続けています（図3）。これにより、無花粉スギが壮齢期に入った際の形質評価や新たな品種開発が可能になります。また、これまでに静岡県が主体となって開発した4品種はいずれも大井7号と中4号の交配によって作出したものですが、山林に植栽する樹木は気象害や病虫害のリスクを軽減するため遺伝的な多様性を確保しておく必要があります。そのため、大井7号（Aa）と神奈川県の田原1号（aa）との交配系統、富山県の無花粉スギ（aa）と静岡県の精英樹（AA）でAaのF_1を作出し、これに大井7号を交配させた系統の苗も浜松市天竜区に植栽しました*1、2。この試験林には、無花粉スギ（aa）も含まれますが、有花粉（Aa

図３　浜松市天竜区の無花粉スギ試験地[*5]

の優良個体を選抜できる可能性もあり、これを品種にできれば採種園方式で無花粉スギ苗を作出する際の花粉親として有用なものになります。

これまでに無花粉スギに関する数々のプロジェクト研究が行われ、品種の数も増加しています。国や都道府県による林業振興と花粉症対策の方針にも、無花粉スギの活用が盛り込まれるようになり、今後の普及が加速していくと予想されます。より優れた無花粉スギの開発とそれを活用した森林造成のため、これらの試験林が将来にわたって活用されることを願います[*5,13]。

引用文献

＊1　袴田哲司・近藤晃・山本茂弘・斎藤真己（２０１７）雄性不稔遺伝子保有系統で交配したスギのコンテナ苗としての成長．中部森林研究65：３－４

＊2　袴田哲司・近藤　晃・山本茂弘・斎藤真己（2018）雄性不稔遺伝子保有系統で交配したスギコンテナ苗の林地植栽後の初期成長．中部森林研究66：11－12

＊3　袴田哲司（2021）森林遺伝育種における研究材料の重要性．森林遺伝育種10：154

＊4　袴田哲司・光本智加良（2023）クラウドファンディングによる無花粉スギ研究．森林遺伝育種12：111－114

＊5　袴田哲司・光本智加良・佐々木重樹（2023）花粉症対策無花粉スギ優良品種の開発．静岡県経済産業部あたらしい林業技術687．https://www.pref.shizuoka.jp/_res/projects/default_project/_page_/001/054/615/687.pdf

＊6　袴田哲司（2024）地域ニーズに対応した林木育種の推進．森林遺伝育種13：35－41

＊7　（国研）森林研究・整備機構森林総合研究所林木育種センター・（地独）青森県産業技術センター林業研究所・山形県森林研究研修センター・（公財）東京都農林水産振興財団東京都農林総合研究センター・神奈川県自然環境保全センター・富山県農林水産総合技術センター森林研究所・静岡県農林技術研究所森林・林業研究センター（2020）無花粉スギ苗木普及促進のための技術マニュアル．茨城

＊8　松原　篤・坂下雅文・後藤　穣・川島佳代子・松岡伴和・近藤　悟・山田武千代・竹野幸夫・竹内万彦・浦島充佳・藤枝重治・大久保公裕（2020）鼻アレルギーの全国薬学調査2019（1998年、2008年との比較）：

速報―耳鼻咽喉科医およびその家族を対象として．日本耳鼻咽喉科学会会報１２３：４８５－４９０
＊9　中村健一・袴田哲司（２０２０）無花粉スギ優良系統の選抜と品種開発．森林遺伝育種10：１１３－１１５
＊10　Saito M, Taira H（２００５）Plus tree of *Criptomeria japonica* D. Don with a heterozygous male-sterility gene. Journal of Forest Research10：３９１－３９４
＊11　斎藤真己（２０１０）スギ花粉症対策品種の開発．日本森林学会誌92：３１６－３２３
＊12　斎藤真己・寺西秀豊（２０１４）無花粉（雄性不稔）スギ品種の開発．日本花粉学会会誌60：27－35
＊13　静岡県農林技術研究所森林・林業研究センター（２０２３）花粉症対策に朗報！無花粉スギ優良品種の開発．静岡．https://www.pref.shizuoka.jp/_res/projects/default_project/_page_/001/057/438/mukafunsugi.pdf

広葉樹への植替えによる花粉発生源対策の取組

和歌山県農林水産部森林林業局森林整備課森林づくり班 副主査
竹内 隆介

和歌山県における花粉発生源対策の方針

花粉症は国民の4割が罹患しているといわれる国民病であり、近年、全国的な対策が進められているところです。

和歌山県においても、10年間のマスタープランである「和歌山県長期総合計画」（計画期間：2017（平成29）年度～2026（令和8）年度。以下、長期計画）の中で、多様で健全な森林づくりを目指し、スギ及びヒノキの花粉の少ない苗木の生産拡大を積極的に進め、花粉の少ない苗木への植替えを促進することを大きな方針として位置づけています。

また、この長期計画の実現に向けて、森林林業分野においては5年ごとのアクションプランである「和歌山県森林・林業〝新〟総合戦略」（計画期間：2022（令和4）年度～2026（令和8）年度。以下、〝新〟総合戦略）を策定しており、花粉の少ない苗木の生産体制を強化し、2026（令和8）年度までに花粉の少ない苗木の植栽面積を累計150haとすることを目標として定めています。さらに、将来的に県内の森林整備に用いられる苗木のすべてを花粉の少ない苗木品種に転換することを目指して、母樹園の整備等を進める方針としています。

一方、長期計画では、林業の採算が取れないスギ・ヒノキ人工林から広葉樹林への転換推進についても定めており、この方針を踏まえ、〝新〟総合戦略では人工林での広葉樹植栽面積を2026（令和8）年度までに累計350haとすることを目標としています。この方針は、花粉発生源対策を主目的としたものではありませんが、スギ・ヒノキから広葉樹等の花粉の少ない樹種への転換が進むことで、花粉発生源対策に寄与するものと考えています。

本県ではこれらの方針の下、花粉発生源対策の各種事業の活用・実施により、花粉発生源対策の取組を進めています。

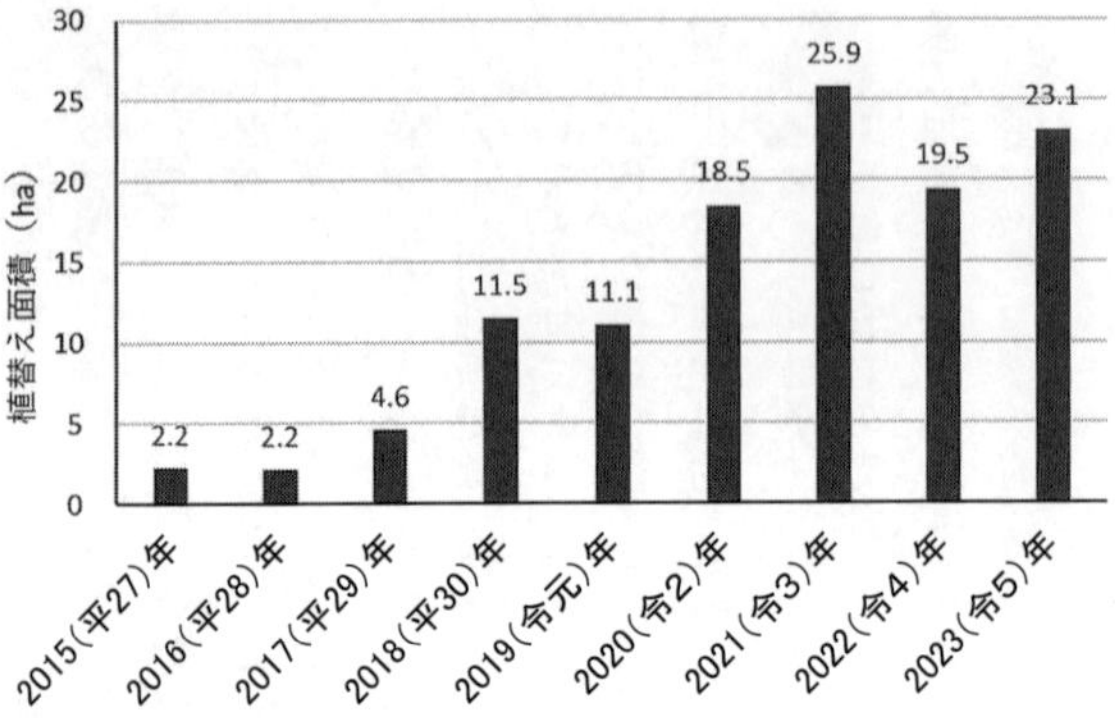

図1　和歌山県における花粉発生源の植替え面積（花粉発生源対策促進事業）

花粉発生源対策の取組の概要と事例

花粉発生源対策の取組としては、2015（平成27）年度から林野庁の補助事業「花粉発生源対策促進事業（農山漁村地域整備交付金）」による花粉発生源の植替えを進めており、その面積は徐々に増加傾向にあります（図1）。

広葉樹植栽による花粉発生源対策の取組

前述の事業にて植栽される花粉の少ない苗木の樹種としては、少花粉スギ、少花粉ヒノキに加え、コナラ、クヌギ等の広葉樹も活用されており、とりわけ本県の特色としてウバメガシの植栽がみられます。ウバメガシは、本県の海岸沿いや南部地域の内陸部の痩せ地に優占する常緑小高木であり、紀州備

①【2015（平成27）年度】2.2ha（西牟婁郡すさみ町）
②【2019（令和元）年度】0.5ha（海草郡紀美野町）
③【2020（令和２）年度】0.5ha（田辺市中辺路町）※その他広葉樹植栽を含む
④【2021（令和３）年度】1.0ha（日高郡みなべ町）
⑤【2021（令和３）年度】1.8ha（有田郡有田川町）
⑥【2021（令和３）年度】0.4ha（田辺市中辺路町）
⑦【2023（令和５）年度】2.2ha（東牟婁郡古座川町）※その他広葉樹植栽を含む

図２　和歌山県におけるウバメガシ植栽の拡がり（花粉発生源対策促進事業、2015（平成 27）～2023（令和５））

図３　ウバメガシ造林地

長炭の原木として本県では古くから重用されている樹種です。

ウバメガシへの植替えについては、花粉発生源対策促進事業において２０２３（令和５）年度までに県内各地で実施されています（図２）。

また、当該事業以外でも、林野庁の補助事業「花粉発生源対策推進事業」の活用により、２０２１（令和３）年度に田辺市中辺路町で、苗高20㎝上（補植苗は30㎝上）の２年生のコンテナ苗（３００cc）を使用して１・２haのウバメガシ植栽（３０００本／ha）が行われており（図３）、植栽翌年の活着率はおおむね7割程度となっています。ウバメガシは成長が遅く、肥沃な土壌では他の樹種に成長で勝てないことから、ウバメガシによる造林は尾根筋等の土壌の養分が少

図４　ウバメガシ植栽苗木

ない場所での成功率が高いとされています（自然分布でも尾根筋や崖地等に多くみられます）。一方、造林地ではスギ、ヒノキよりも下刈りの必要期間が長く（おおむね7～8年程度）、下草の繁茂が旺盛な場所では誤伐を招く恐れもあるため、カラーテープにより苗木をマーキングすることで下刈り時の誤伐を防ぐといった対策もみられます（図4）。

本事業地では、森林所有者（地縁団体）が当該地を水源林として維持していく観点から広葉樹による植栽を希望し、また造林事業者が備長炭原木としての利用や伐採後の萌芽更新による再造林の低コスト化等の将来性を考慮し、植栽樹種としてウバメガシが選択されました。

この造林事業者は自社で約1万本のウバメガシのコンテナ苗を生産しており、植栽するウバメガシ苗木は造林事業者が自ら生産したものを使用しています。なお、苗木生産にあたっては、規格に達しない苗木は自社イベントの資材として活用することで、苗木生産コストの採算をとるといった工夫もみられます。また、同社では広葉樹の植栽活動を通じて、企業との連携による森林整備や地元小学校での環境教育を実施することで、植林にかかるコスト削減や労働力確保にも取り組んでいます。

スギ・ヒノキ生育不適地における広葉樹への植替え

花粉発生源対策とはやや趣旨が異なりますが、当県では森林の持つ水源涵（かん）養機能や生物多様性保全機能等の高度発揮を図るため、人工林の広葉樹林化を推進しており、地形や土壌環境等の要因で生育の悪いスギ・ヒノキ人工林における広葉樹等への植替えについて県事業及び補助事業を行っています（紀の国森づくり基金活用事業）。2022（令和4）年度から本取組を開始し、2023（令和5）年度の植替え面積は約40ha程となっています。本事業は花粉発生源対策を主目的としたものではありませんが、スギ・ヒノキ人工林から広葉樹等への植替えを進めることで、花粉発生源の低減の一助となるものと考えています。

花粉の少ないスギ・ヒノキ苗木の増産に向けた取組

スギ・ヒノキ人工林の伐採・再造林に伴い、花粉発生源対策の植替えを進めるためには、花粉の少ない苗木の生産拡大と安定供給が課題となります。

本県の〝新〟総合戦略に定める２０２６（令和８）年度の再造林面積に必要となるスギ・ヒノキ苗木本数は、約90万本（スギ・ヒノキ各45万本）と試算していますが、２０２３（令和５）年度時点の花粉の少ない苗木の生産量は、スギが約６万本（すべて少花粉品種、ヒノキの生産はなし）であり、県内の造林用苗木すべてを花粉の少ない苗木に置き換えるには、まだまだ生産量が少ない状況にあります。

これは花粉の少ない苗木の生産に必要な種子等の県内供給が十分でないことが主な要因であり、種子等の生産及び供給量の増大が喫緊の課題となっています。そのため、本県では、花粉の少ない苗木品種（少花粉、特定母樹）の種子の増産に向けて母樹園の拡張及び整備を進めています。

今後の種子生産量の増加に向けて、県林業試験場中辺路試験地（田辺市中辺路町）にて、２０２２（令和４）年度から以下の採種園の拡張・整備を実施しました。

少花粉スギミニチュア採種園の拡張

２０２２（令和４）年度に、既存の少花粉スギミニチュア採種園（０・３９ha、母樹１９３０本）の隣接地へ、新たに面積０・２３ha、母樹６１２本を拡張整備しました（図５）。

拡張した採種園においては、２０２６（令和８）年度から種子採取を開始し、将来的には既存採種園等と合わせて約９kg／年（苗木約28万本相当）の種子生産を見込んでいます。

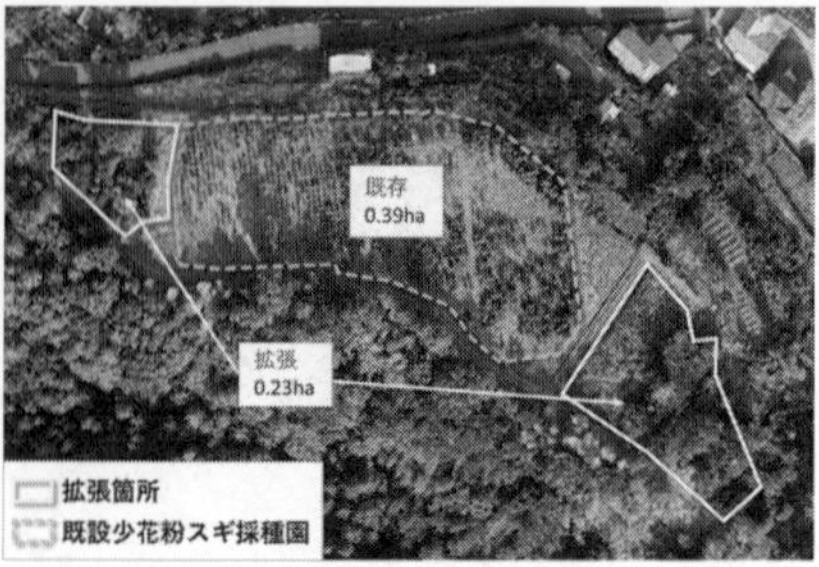

図５　少花粉スギミニチュア採種園の拡張

スギ特定母樹閉鎖型採種園の新設

「特定母樹（特定苗木）」は２０１３（平成25）年に改正

された「森林の間伐等の実施の促進に関する特別措置法」に基づき、精英樹等の中から成長に優れ雄花着花性が低い等の基準を満たすものとして指定された品種であり、花粉量が少ないだけでなく、成長量や材の剛性に優れるといった林業を行う上での利点を持つことから、既存の少花粉スギ品種と合わせて、苗木生産量の増産を図る計画としています。

また、「閉鎖型採種園」は、従来の露地に造成する開放型の採種園と比べ、外部花粉の影響を受けず母樹同士の確実な交配が可能である他、温度や水分量等を管理することで種子生産までの期間を短縮できるといった特徴を持つことから、近年全国的に整備が推進されている採種園形態です。本県においても、より効率的な種子生産を行っていくため、2022（令和4）年度にスギ特定母樹閉鎖型採種園2棟（パイプハウス5・4m×18・0m、母樹96本／棟）を新たに整備しました（図6）。

本採種園においては、2025（令和7）年度から種子採取を開始し、将来的には約2kg／年（苗木約5万本相当）の種子生産を見込んでいます。

ヒノキ特定母樹採種園の新設

ヒノキ特定母樹の採種園（面積0・5ha×3区画、母樹600本／区画）の造成を2023（令和

5）年度～2025（令和7）年度の3か年で整備する計画としています。本採種園においては、整備が完了した後、2027（令和9）年度から種子採取を開始予定であり、将来的には既存採種園と合わせて約12kg／年（苗木約45万本相当）の種子生産を見込んでいます。

今後の取組に向けて

本県では、「伐って、使って、植えて、育てる」循環型林業の実践を大きな命題として、取組を進めています。一方で、こうした花粉発生源対策は、全国的な社会的施策の一面を持つ取組として、極めて重要性の高いものと考えています。

図6　スギ特定母樹閉鎖型採種園

今後も、これらの花粉発生源対策の取組を推進するとともに、取組を支える林業の担い手の確保と育成を図り、適切な森林管理の下、素材生産・流通・加工・販売の各分野の施策展開を進めていきます。

また、花粉発生源対策については、花粉の少ない苗木への植替え支援や、県の気候風土に適した花粉の少ない品種開発等の新たな取組にも着手し、将来の和歌山県らしい花粉の少ない森林づくりの実現へ繋げていきたいと考えています。

広域連携による花粉発生源対策②

スギ・ヒノキ花粉症対策推進中国地方連絡会議

岡山県農林水産部治山課造林班
池本　翔

スギ・ヒノキ花粉症対策推進中国地方連絡会議の概要

構成員及び目的

スギ・ヒノキ花粉症対策推進中国地方連絡会議（以下、「中国連絡会議という。」）は、鳥取県、島根県、岡山県、広島県、山口県の中国地方5県によって構成され、事務局は岡山県農林水産部治山課に置かれています。中国連絡会議では、連携して少花粉スギ・ヒノキ等への植替えを推進するために、少花粉スギ・ヒノキ苗木等の安定供給に必要な情報等の共有と今後の推進方策等を協議しています。

設立経緯

２０１３（平成25）年度に開催された中国知事会において、県境を越えて飛散する花粉対策の必要性が議論され、中国5県が協力して広域連携の取組を行うことが合意されました。具体的には、中国知事会に「スギ花粉症対策部会（以下、「部会」という。）」が設置され、連携テーマとして、①少花粉スギ普及推進中国地方連絡会議の設置、②少花粉スギ苗木の相互融通と植替えの促進、③少花粉スギ等モデル林の造成が掲げられました。そして、同年に中国連絡会議の設立会議が行われ、翌年度（２０１４（平成26）年度）に第1回中国連絡会議が開催されたという経緯になります。なお、設立当初の連携テーマはスギに限定的であったため、部会及び中国連絡会議の名称はそれぞれ「スギ花粉症対策部会」、「少花粉スギ普及推進中国地方連絡会議」でしたが、２０２０（令和2）年度にヒノキも連携テーマに加わり、名称はそれぞれ「スギ・ヒノキ花粉症対策部会」、「スギ・ヒノキ花粉症対策推進中国地方連絡会議」に変更され、現在に至ります。また、当該広域連携の発議県である岡山県が、部会及び中国連絡会議の担当県となっています。

図１　会議の開催状況（第 23 回会議 /2024（令和６）年度）

開催状況

２０１４（平成26）年度に第１回会議が開催されて以降、年２回以上の会議を開催し（一部は書面開催）、直近では２０２４（令和６）年５月に第22回会議が書面にて開催され、同年10月に第23回会議が岡山県にて開催されました。近年は、春に書面開催、秋に対面開催の年２回開催が通例となっており、対面開催場所は各県の持ち回りとなっています（図１）。対面開催時には、各県の採種穂園等の現地視察も行っています（図２）。

図２　現地視察の状況（第12回会議 /2019（令和元）年度）

目標及び進捗状況

部会の連携テーマ

部会では、現在、次の連携テーマを掲げ、中国連絡会議において連絡検討を行っています（図３）。

①中国連絡会議の開催
②少花粉スギ・ヒノキ苗木等の相互融通と植替えの促進
③ヒノキ特定母樹の少花粉品種に関する調査研究
④少花粉スギ・ヒノキ等に関する普及啓発活動

目標・進捗状況

連携テーマについては、それぞれ目標が設定

スギ・ヒノキ花粉症対策部会

■連携テーマ

① 中国地方連絡会議の開催
② 苗木等の相互融通と植替えの促進
③ ヒノキに関する調査研究
④ 普及啓発活動

■テーマ毎の進捗状況

連携テーマ	目 標	令和5(2023)年度実績	令和6(2024)年度見込
① スギ・ヒノキ花粉症対策推進中国地方連絡会議の開催	・連絡会議の開催(年1～2回)	・2回開催 ・少花粉苗木等生産技術の向上について情報交換及び課題の共有	・2回開催 ・少花粉苗木等生産技術の向上について情報交換及び課題の共有
② 少花粉スギ・ヒノキ苗木等の相互融通と植替えの促進	・中国5県トータルで植替えに使用する少花粉スギ苗木の割合令和7(2025)年度に50% (少花粉スギ苗木580,000本/スギ全体1,161,000本)	・植替えに使用する少花粉スギ苗木の割合 49% (少花粉スギ苗木510,639本/スギ全体1,042,017本) ・少花粉苗木等の相互融通	・植替えに使用する少花粉スギ苗木の割合 30% (少花粉スギ苗木325,510本/スギ全体1,080,906本) ・少花粉苗木等の相互融通
③ ヒノキ特定母樹の少花粉品種に関する調査研究	・調査研究結果の情報共有	・調査研究の情報共有	・調査研究の情報共有
④ 少花粉スギ・ヒノキ等に関する普及啓発活動	・リーフレットの配布等	・普及啓発用エコバックの作成・配布 ・モデル林設置 1箇所【累計39箇所】	・普及啓発用エコバックの作成・配布

図３　スギ・ヒノキ花粉症対策部会の連携テーマ

されており、その進捗状況は次のとおりです。

①中国連絡会議の開催

　２０１４（平成26）年度以降、書面開催も含めて年2回以上の連絡会議を開催しており、２０２４（令和６）年度は5月に書面開催、10月に岡山県にて対面開催されました。

（目標）連絡会議の開催（年１～２回）

（実績）年２回以上

②少花粉スギ・ヒノキ苗木等の相互融通と植替えの促進

　本テーマの目標は、「中国5県トータルで植替えに使用する少花粉スギ苗木の割合」を「２０２５（令和７）年度に50％とする」というものになります。これは植替えに使用したスギ苗木本数のうち、少花粉スギ苗木の本数

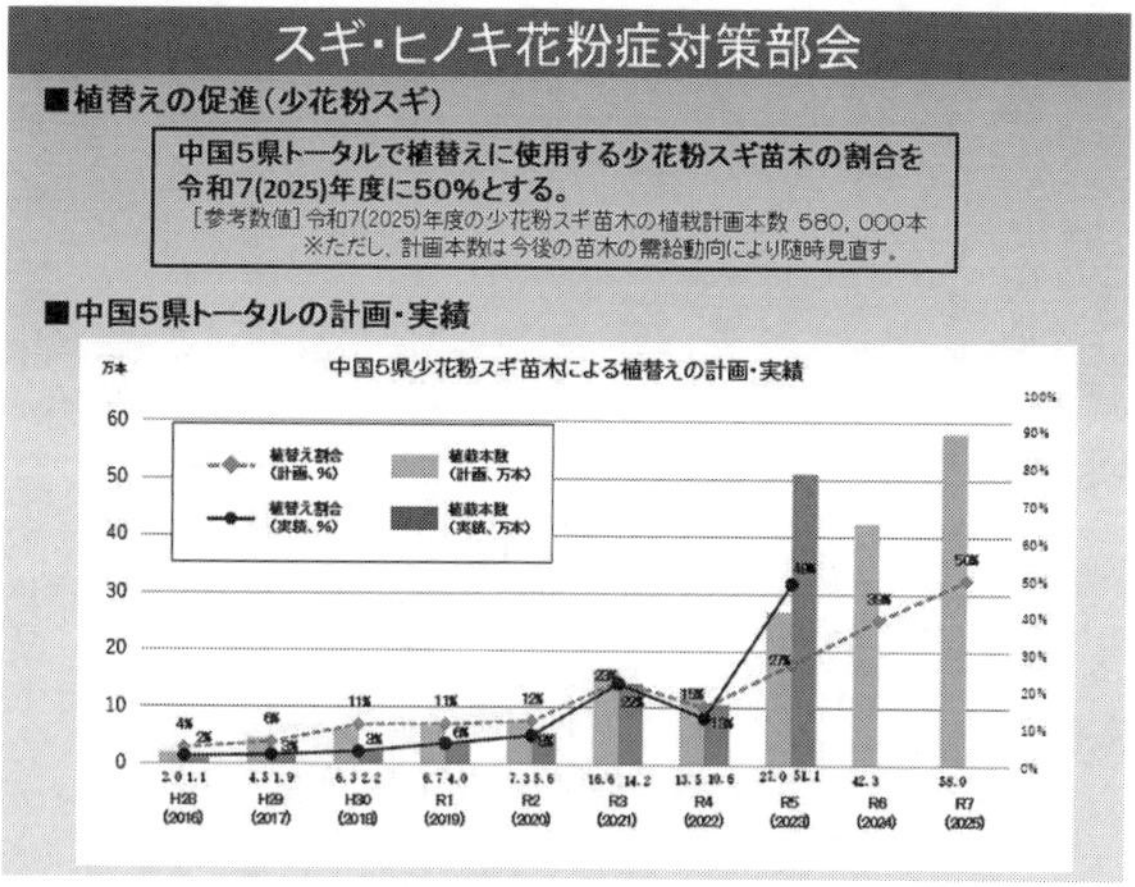

図４　少花粉スギ苗木による植替えの計画・実績

が占める割合で算出します。２０２５（令和７）年度に中国５県トータルで約１１６万本のスギを植栽する計画であるため、このうちの58万本を少花粉スギ苗木にするものです。

２０２３（令和５）年度の実績は、計画27%に対して、49%（少花粉スギ苗木の植栽本数：約51万本）となり、着実に目標達成に近づいています（図４）。

なお、ヒノキや特定苗木等についても植替え目標の設定が議論されてきましたが、各県の推進方針や生産状況に差があるため、数値目標の設定は今後の課題となっています。

（目標）２０２５（令和７）年度：50%
（実績）２０２３（令和５）年度：49%

また、相互融通については、２０２３（令

和5）年度末時点の中国5県トータルで、少花粉スギ苗木が約4万本、少花粉種子が約5kg、少花粉ヒノキ苗木が約13万本、少花粉ヒノキ種子が約10kgとなっています。さらに、中国5県以外にも少花粉スギ・ヒノキ苗木及び種子の供給を行っています。

③ヒノキ特定母樹の少花粉品種に関する調査研究

ヒノキについては、先に述べたとおり、各県の推進方針（少花粉苗木と特定苗木のいずれを主として進めるか）や生産状況に差があるため、植替え目標の設定には至っておりません。一方で、少花粉品種の特性を持つ特定母樹の開発・指定については、各県が共通して課題と認識していることから、その調査研究結果の情報共有を目標としております。

実績としては、これまでにヒノキ特定母樹採種園における雄花着花性調査等の情報共有を行っています。また、その他にも採種園の整備（外来花粉混入防止対策、ミニチュア採種園、閉鎖型採種園、種子の増産対策、特定母樹、管理委託等）、苗木の育成（育苗技術・コスト、病害虫対策、生産者支援等）、関連情報（充実種子選別機の導入、コンテナ苗の需要拡大、花粉発生源対策等）についても情報交換を行っています。

（目標）調査研究結果の情報共有

（実績）ヒノキ特定母樹採種園における雄花着花性調査等の情報共有

④少花粉スギ・ヒノキ等に関する普及啓発活動

普及啓発活動としてリーフレットの配布等を目標としています。2014（平成26）年度以降、普及啓発用のリーフレット（図5）を1万部以上を作成・配布したほか、普及啓発グッズ（図6）も作成・配布しています。

普及啓発グッズとしては、2020（令和2）年度にマスク1500部、2021（令和3）年度に付箋2500部、2022（令和4）年度にメモ帳500部、2023（令和5）年度にエコバッグ500部、2024（令和6）年度にエコバッグ250部を配布しました。

普及啓発グッズのデザインは、「〝伐って、使って、植えて、育てる〟の林業のサイクルが花粉症対策に繋がること」、「これらを中国5県で連携して取り組んでいること」が一目でわかるよう、シンプルなものとしています。配布先は林業関係者、行政機関、その他県民等であり、様々な場面での普及活動に活用しています。

（目標）リーフレットの配布等

（実績）リーフレット、普及啓発用グッズ（マスク、付箋、メモ帳、エコバッグ）の配布

花粉の少ない苗木を植えませんか？

花粉症の主な原因であるスギやヒノキの花粉。

一方で、持続的な森林資源の循環利用のためには、今後もスギ・ヒノキが重要な造林樹種であることは変わりません。

「花粉症はなくしたい。でもスギやヒノキは日本の林業に欠かせない。」

この課題を解決するために、国や県が開発したものが、花粉の少ない品種です。

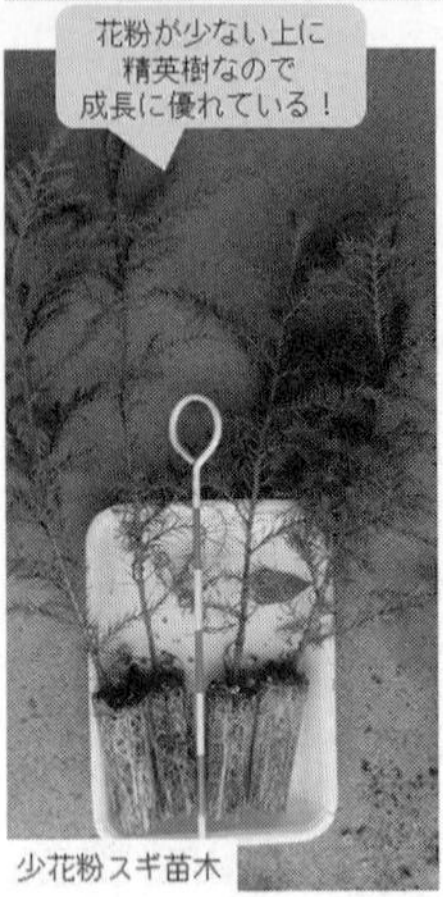

少花粉スギ苗木

本当に花粉を付けないの？

花粉の少ない品種の中でも、少花粉スギ品種は、雄花をほとんど着けない品種であり、花粉生産量が一般的なスギに比べ約１％以下と言われています。

一般的なスギの枝

少花粉スギの枝

従来の苗木と比べて成長は変わらない？

花粉の少ない苗木は、精英樹の中から選抜や、品種改良されているので、精英樹と同程度の性質を持っています。そのため、**従来の苗木と比べて成長や材質が変わることはありません。**

※精英樹とは、地域の人工林の中から最も成長が優れているとして選抜された木です。

どこで手に入るの？

中国５県では、広域連携によるスギ・ヒノキの花粉発生源対策を進めており、花粉の少ない苗木の生産を各県で取り組んでいるため、将来的には中国５県全域で手に入ります。

花粉の少ない苗木の生産状況が現時点で各県異なることや苗木の移動制限により、皆様の地域で花粉の少ない苗木を植えられないこともあるため、詳細は、お近くの県機関にお問い合わせください。

■連絡先
鳥取県農林水産部森林・林業振興局森林づくり推進課　TEL 0857-26-7298
島根県農林水産部森林整備課　TEL 0852-22-5177
岡山県農林水産部治山課　TEL 086-226-7455
広島県農林水産局林業課　TEL 082-513-3701
山口県農林水産部森林整備課　TEL 083-933-3485

図５　リーフレット（2019（令和元）年度作成）

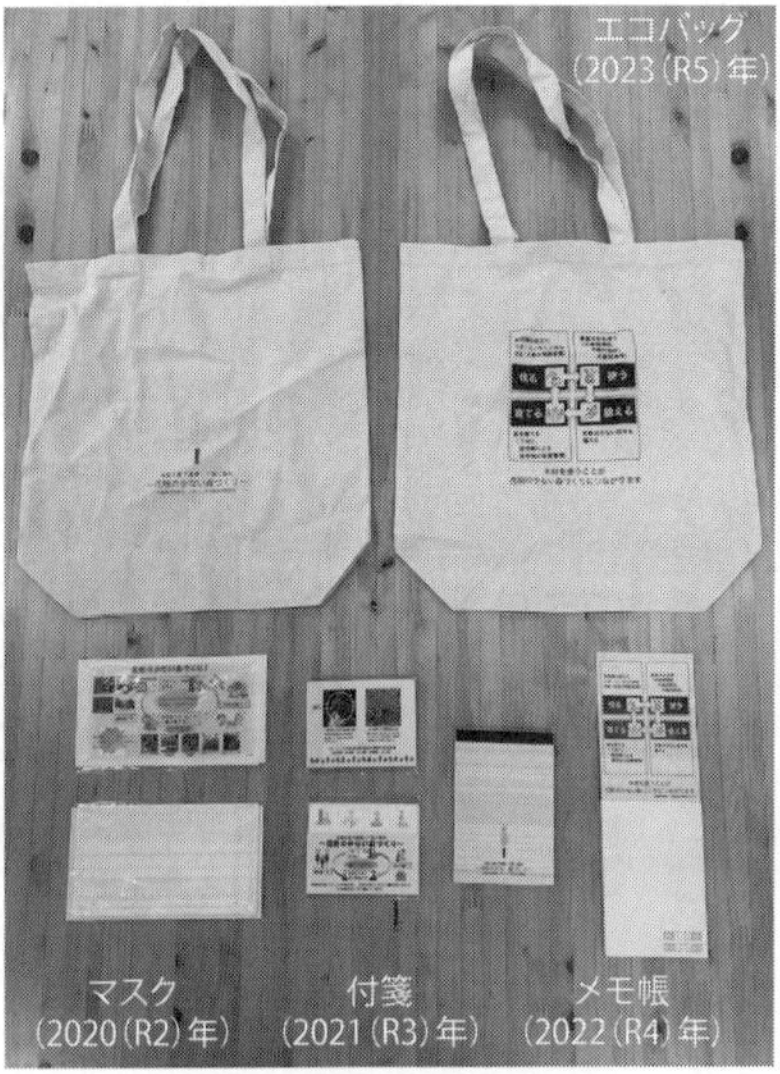

図６　普及啓発グッズ

図７　デザインの一例
（中国５県の連携）

図８　デザインの一例
（林業サイクル及び花粉症対策）

図9　モデル林での植樹イベント
（岡山県真庭市 /2014（平成 26）年開催）

なお、当初の普及啓発目標には、少花粉スギ等による造林を普及するためのモデル林の整備も設定されていました。具体的には、2018（平成30）年度末までに中国5県で25カ所のモデル林を整備することとしていましたが、2017（平成29）年度に目標は達成され、2023（令和5）年度末時点で39カ所（約12ha、約3万本）のモデル林が整備されています（鳥取県7カ所、島根県6カ所、岡山県15カ所、広島県5カ所、山口県6カ所）。モデル林は、県民参加の植樹イベント（図9、図10、図11）として整備することや普及用の看板を設置すること（図12）等により、県民が少花粉苗木の植替えによる花粉発生源対策を知るためのツー

図 10　モデル林の生育状況
（岡山県真庭市 / 植栽から 5 年後の状況）

図 11　モデル林での植樹の様子
（岡山県新見市 /2014（平成 26）年開催）

ルとして活用されています。

取組の成果、課題

取組の成果

　中国連絡会議を設立した２０１４（平成26）年度時点では、少花粉スギの出荷本数は中国５県トータルで５０００本にも満たない状況で、２０１６（平成28）年度時点の植替え時の使用割合は２％でした。その後、各県の取組（採種穂園の造成改良、試験研究、苗木生産者支援、少花粉苗木等による植替えの促進、普及啓発等）に加えて、前述した中国連絡会議での取組を継続した結果、２０２３（令和５）年度は中国５県トータルで植替え本数が約51

図 12　モデル林の案内看板
（岡山県新庄村 /2022（令和４）年設置）

万本、植替え時の使用割合が49％となっています。

課題

今後は「中国5県トータルで植替えに使用する少花粉スギ苗木の割合」を「2025（令和7）年度に50％とする」目標を確実に達成するため、各県が生産体制整備及び植替えの促進等を行う他、中国連絡会議での広域融通等をさらに進める必要があります。

今後の展望

今後の展望としては次のとおりです。

①2026（令和8）年度以降の目標設定

②ヒノキ数値目標の設定検討

現在、「植替えに使用する少花粉スギ苗木の割合」の目標は、2021（令和3）年度から2025（令和7）年度までの5年間のものであるため、2025（令和7）年度に見直しを行う必要があります。2026（令和8）年度以降の目標については、中国連絡会議の目的である「中国5県が連携した少花粉スギ・ヒノキ等への植替え」をさらに推進できるよう、実効性のある計画を設定します。

また、ヒノキについては各県の推進方針や生産状況に差があるため、数値目標の設定が見送られてきました。今後は、少花粉品種の特性を併せ持つヒノキ特定母樹の開発状況や各県の花粉の少ないヒノキ苗木の生産状況を踏まえて、数値目標の設定を検討します。

タマホーム株式会社による「花粉の少ないスギ苗木による再造林」への支援

大分県農林水産部 森林整備室 造林・間伐班 副主幹
小関 崇

本事業の取組の背景

大分県における再造林推進の取組

大分県の森林面積は45万1000haであり、うち民有林の人工林が20万4千haを占めています(民有林率89%、民有林の人工林率51%)。近年では、充実した人工林資源量を背景に、年間約1600haの皆伐を中心とする素材生産が活発に行われ、素材生産量は160万m³を超えました。一方で、伐採後の再造林支援の強化によって再造林率は76％にまで上昇しています（2023（令和5）年度時点。大分県林務管理課調べ）。先人たちが営々と築き、守り育ててきたこの豊かな人工林資源を伐採して活用するだけではなく、再造林の推進によって次世代に引き継ぐことが、我々現役世代に課せられた責務だと考えています。

大分県においても、平成10年代後半から南部地域を中心に皆伐事業地が急増し、同時に伐採後放棄地（再造林放棄地、無秩序伐採）が広がり、社会問題化した経緯があります。そのため県では、市町村行政と連携して皆伐の適正化と再造林推進対策を進めました。その一環として、2010（平成22）年4月に林業・木材業界全体で支える再造林推進システムである「大分県森林再生基金」が創設されました。

大分県森林再生基金（以下「再生基金」）による再造林支援のスキームは次のとおりです（図1）。まず、県内の原木市場が仲介役となり、木材（原木）の出荷者である森林所有者や素材生産業者から1㎥当たり20円、原木市場から1㎥当たり10円、木材加工工場等の買方から1㎥当たり20円を協力金として募ります。集まった協力金を、県内の森林・林業、木材産業の各団体で構成される組織である大分県森林再生機構（以下「機構」。事務局は大分県森林組合連合会。）内に再生基金として造成します。そして、大分県が実施する造林補助事業と併せて、この再生基金

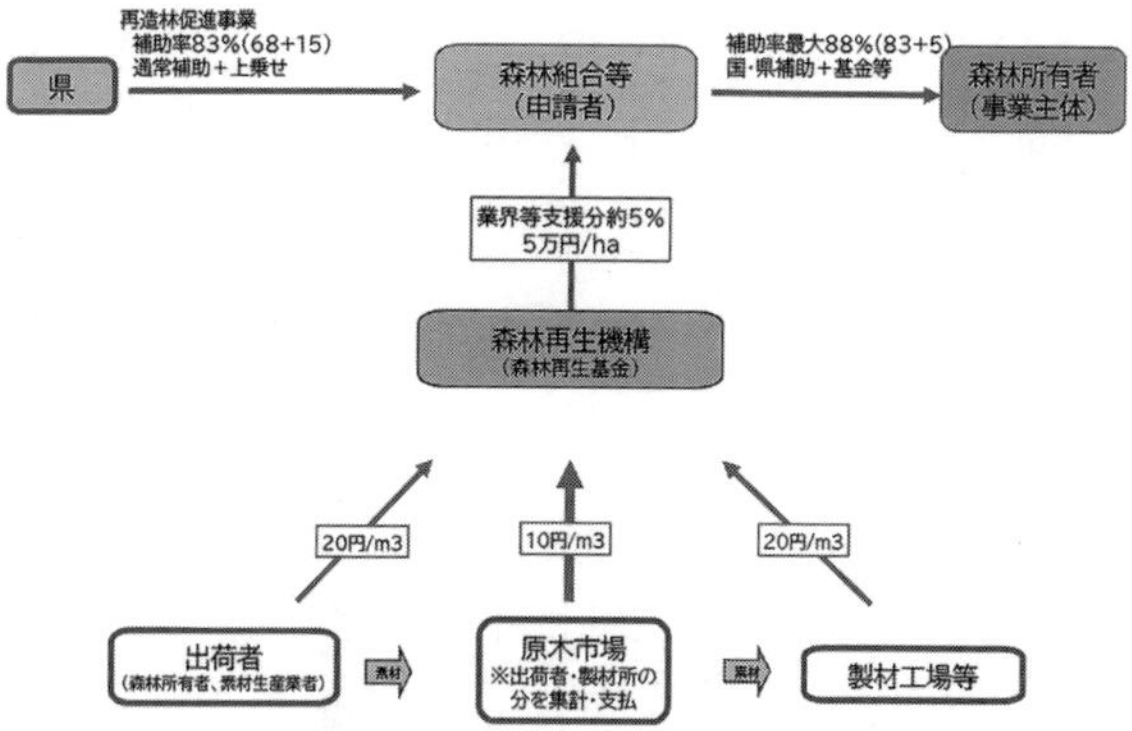

図１　大分県森林再生基金による再造林支援のスキーム

の助成金による再造林支援として、森林所有者等に１ha当たり５万円を支援する仕組みとなっています。これまでの再造林支援実績は、２０１１（平成23）年度から２０２３（令和５年）度までに６８７９ha（毎年５００～７００ha程度）に上ります。

再生基金による再造林支援のスキームのほかに、大分県では低コスト再造林を推進するため、１ha当たり植栽本数をスギの場合２０００本以下、ヒノキの場合２５００本以下の低密度で再造林を行った場合には、大分県森林環境税（２００６（平成18）年度から開始した県超過課税）により標準単価の15％の上乗せ助成を２０１０（平成22）年度から行っています。通常の造林事業の補助率は68％ですが、県森林環境税で15％の上乗せ助成、さらに機構が行う再生基金による助成金が１ha当たり５万円ですので、１ha当たりの標準経費を100万円と仮定した場合の最大補助率は88％（68＋15＋5）になりました。この取組の開始によって、低密度植栽による低コスト再造林が県下で徐々に浸透し、現在では、造林事業で行う再造林全体の9割以上でこの支援事業が活用されています。

タマホーム株式会社との連携

前述した機構や大分県森林環境税による再造林推進の取組が始まって5年が経過した2016（平成28）年に、タマホーム株式会社様（本社：東京都。以下「タマホーム」。）と連携して、その取組が進化・加速することになります。そのきっかけは、国産材をたくさん消費する住宅メーカーであるタマホームが、再造林支援に取り組みたいという意向を林野庁に相談したことに始まります。タマホームが販売する木造住宅には多くの国産材が活用されており、その原料として大分県内の製材工場からも多くの製材品を出荷させていただいています。こうした繋がりから、林野庁から連携先の候補として大分県を紹介してもらったそうです。その後、大分県とタマホームとで連携方法に関して協議を重ね、後述する協定書の締結を行いました。

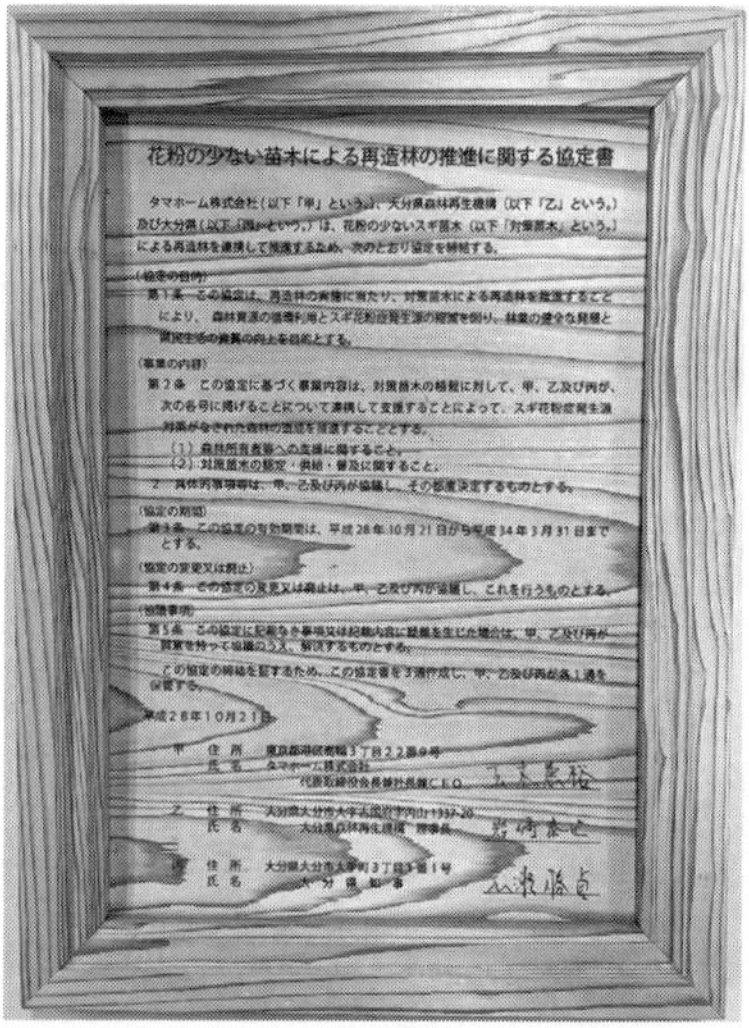

図２
タマホーム、機構、大分県の３者による「花粉の少ない苗木による再造林の推進に関する協定書」

「花粉の少ないスギ苗木による再造林」への支援の内容・スキームについて

協定締結の背景

2016（平成28）年10月21日に、タマホーム、機構、大分県の3者による「花粉の少ない苗木による再造林の推進に関する協定書」を締結しました（図2）。本協定は、3者が連携し、大分県が指定する花粉の少ないスギ苗木（以下「花粉の少ない苗木」）による再造林を推進することにより、森林資源の循環利用とスギ花粉発生源の縮減を図り、林業の健全な発展と県民生活の資質の向上を目的としています。大分県が従来から取り組んできた再造林率の向上と低コスト再造林の更なる普及に加えて、スギ花粉発生源対策にも取り組むことは、タマホームの強い希望によるものでした。

事業内容

協定に基づく事業内容は、花粉の少ない苗木の植栽によって、スギ花粉発生源対策がなされた森林の造成を推進するために、「森林所有者等への支援」と「花粉の少ない苗木の認定・供給・普及」に関して連携して取り組むものです。具体的には、タマホームから大分県に対して寄附金を毎年頂戴し、それを財源とした「タマホーム株式会社基金」を機構内に造成します。機構は、前述した再生基金による助成と合わせて、花粉の少ない苗木による再造林を行った森林所有者等に対する再造林経費の支援をするものです。また、これに対応する花粉の少ない苗木の認定・供給・普及は、大分県が大分県樹苗生産農業協同組合などの関係団体と連携して推進していくこととしています。

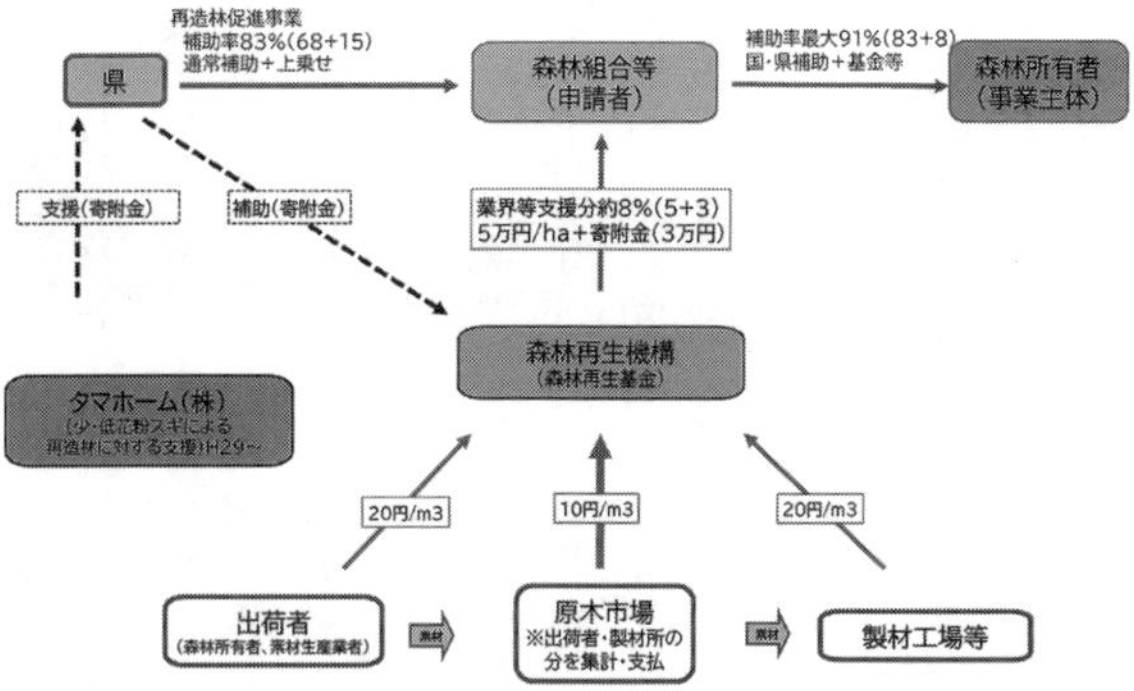

図３　「花粉の少ないスギ苗木による再造林」への支援のスキーム

タマホーム株式会社寄附金活用事業の運用

本事業は、再生基金を活用して機構が実施する再造林支援の枠組を拡充するものです。以下、事業の実際の運用を詳しく説明します（図３）。

①大分県に対する寄附金（タマホーム→大分県）

現在のところ、タマホームから大分県に対して毎年寄附金（金額非公開）をいただいています。地方公共団体への寄附金は、支出した全額が損金の額に計上できることから、両者にとってメリットがあると考えます。

②機構に対する補助金（大分県→機構）

大分県は、寄附金を財源として、機構が実施する「タマホーム株式会社寄附金活用事業」に対する補助金として全額交付します。機構は、当年度の事業計画書を県に提出して承認を得た後、補助金交付申請書の審査を経て補助金の交付を受けます。交付を受けた補助金は、機構内にタマホーム株式会社基金として造成しています。

③タマホーム株式会社基金による支援事業（機構→各林業事業者）

機構は、花粉の少ない苗木による再造林を行った森林所有者等への苗木代金の支援を行います。まず、森林所有者等からの申請を取りまとめた森林組合等の林業事業者から、助成金の申請を受けます。次に、機構は、大分県から提供された造林補助金申請データとの照合を経て、助成金の交付額を決定します。助成金の単価は、県の基準により、コンテナ苗の場合は1ha当たり3万円以内、裸苗の場合は1ha当たり1万5000円以内としています。なお、現在のところ、助成金の交付は、再生基金としての協力金を拠出している林業事業者等に限られています。

助成対象となるスギ苗木の品種

事業の助成対象となるスギ苗木は、国立研究開発法人 森林研究・整備機構 森林総合研究所林木育種センターが指定する少花粉スギ品種（うち、大分県内での植栽が可能な38品種）、低花粉スギ品種（うち、大分県内での植栽が可能な11品種）に加え、間伐等特措法に定める特定母樹由来のスギ苗木（うち、大分県内での植栽が可能な39品種）、さらに、大分県独自指定品種として、シャカイン型、タノアカ型、隣接する宮崎県における花粉症対策品種であるアオシマアラカワ型としています。なお、大分県では、古くからスギの挿し木造林が行われており、実生苗を活用する事例はほとんどありません。

事業推進の成果、感謝状贈呈について

事業推進の成果

２０１７（平成29）年度から開始した「タマホーム株式会社寄附金活用事業」によって、２０２３（令和５）年度までの7年間において、２４２５haで花粉の少ない苗木による再造林が行われ、４９２万本のスギが対策苗木に植え替わりました。２０２３（令和５）年度を例にとると、大分県造林事業で実施された再造林面積全体が１１４２haあり、うち再生基金による助成を受

けた面積が707haで、このうちタマホーム基金による助成を受けた面積が319haでした。本県で行われる再造林の約3割でタマホームからの寄附金が活用され、花粉の少ない苗木への植替えが進んでいる計算になります。

感謝状の贈呈

大分県では、再造林推進を目的とした寄附を5年以上継続して行い、かつ寄附金累計額が1000万円以上の個人又は団体に対して知事感謝状贈呈を行う感謝状贈呈基準を2023（令和5年）度に制定しました。この贈呈基準に基づき、再造林推進を目的に、2017（平成29）年度から継続して多額の寄附をいただいているタマホームあてに感謝状の贈呈を行いました。2024（令和6）年2月16日に開催した知事感謝状贈呈式には、同じく長年にわたり多額の寄附をいただいている新栄合板工業株式会社（本社：東京都。令和元年に大分工場操業開始：ヒノキ再造林支援）を加えた2者へ感謝状を贈呈しました（図4）。

図4　多額の寄附をいただいているタマホームに知事感謝状を贈呈した

進捗状況、当面の課題と今後の予定、展望

協定期間の延長

2016（平成28）年10月21日に、タマホーム、機構、大分県の3者で締結した「花粉の少ない苗木による再造林の推進に関する協定書」は、その協定有効期間を当初は2022（令和4）年3月31日までとしていました。協定締結以降、協定の目的であった花粉の少ない苗木への植替えが順調に進んでいることから、毎年3者による協議を行った上で、協定有効期間を1年間ずつ延長してきました。現在の協定有効期間は

図5　タマホームからの寄附金が活用されて花粉の少ない苗木が植栽された山

２０２５（令和7）年3月末日となっていますが、今年度中に協議を行い、期間延長をさせていただきたいと考えています。

花粉の少ない苗木の増産と併せて

２０２３（令和5）年5月の花粉症に関する関係閣僚会議にて、「発生源対策」、「飛散対策」、「発症・暴露対策」を3本柱とする「花粉症対策の全体像」が示され、10月の同会議では、「花粉症対策初期集中対応パッケージ」が取りまとめられました。このうち、「発生源対策」においては、スギ人工林の伐採・植替え等を加速化することとし、花粉の少ないスギ苗木の生産割合を現在の5割から、10年後には9割以上に引き上げることを目指すとされています。

大分県においては、２０２３（令和５）年度現在の花粉の少ないスギ苗木生産割合は79％であり、10年後の２０３３（令和15）年には１００％にする目標を立てています。さらに、花粉症対策苗木でもある特定母樹のうち、県推奨品種８品種を選定して増産を開始し、２０２３（令和5）年度現在５％となっている特定母樹等の造林面積の割合を、２０３０（令和12）年には50％、２０５０（令和32）年には90％まで増やすことを目指しています。

タマホームと機構と連携して取り組む花粉の少ない苗木への植替えに加え、こうした花粉の少ない苗木の増産を加速させ、引き続き本県の花粉発生源対策を強力に推進していきたいと考えています。

本書の執筆者

■ 解説編

林野庁森林整備部森林利用課
花粉発生源対策企画班

■ 事例編

髙橋　誠（たかはし　まこと）
国立研究開発法人　森林研究・整備機構森林総合研究所林木育種センター育種部長

髙橋　由紀子（たかはし　ゆきこ）
国立研究開発法人　森林研究・整備機構森林総合研究所きのこ・森林微生物研究領域　主任研究員

宮井　遼平（みやい　りょうへい）
東京都産業労働局農林水産部森林課課長代理

東　亮太（ひがし　りょうた）
東京都産業労働局農林水産部森林課課長代理

河村　徹（かわむら　とおる）
東京都農林水産振興財団花粉対策室花粉対策係長

林　明彦（はやし　あきひこ）
東京都農林水産振興財団花粉の少ない森づくり運動担当係長

齋藤　央嗣（さいとう　ひろし）
神奈川県自然環境保全センター
研究企画部研究連携課　主任研究員

神奈川県環境農政局緑政部
森林再生課森林企画グループ

斎藤 真己（さいとう まき）
富山県農林水産部農林水産総合技術センター
森林研究所森林資源課 課長

山下 清澄（やました きよすみ）
富山県農林水産部森林政策課 森づくり推進係
普及担当 主幹

福田 拓実（ふくだ たくみ）
静岡県農林技術研究所森林・林業研究センター主任研究員

袴田 哲司（はかまた てつじ）
静岡県農林技術研究所森林・林業研究センター森林資源利用科長

竹内 隆介（たけうち りゅうすけ）
和歌山県農林水産部森林林業局
森林整備課 森林づくり班 副主査

池本 翔（いけもと しょう）
岡山県農林水産部治山課造林班

小関 崇（おぜき たかし）
大分県農林水産部森林整備室造林・間伐班 副主幹

林業改良普及双書　No.208

花粉発生源対策の施策・
研究開発最新情報

2024年2月5日　初版発行

編　者 ―― 全国林業改良普及協会
発行者 ―― 中山 聡
発行所 ―― 全国林業改良普及協会
〒100-0014 東京都千代田区永田町1-11-30
サウスヒル永田町5F
電 話　03-3500-5030
注文FAX　03-3500-5039
H P　http://www. ringyou. or. jp
MAIL　zenrinkyou@ringyou. or. jp

装　幀 ―― 野沢 清子
印刷・製本 ―― 奥村印刷株式会社

ISBN978-4-88138-462-6

一般社団法人 全国林業改良普及協会（全林協）は、会員である都道府県の林業改良普及協会（一部山林協会等含む）と連携・協力して、出版をはじめとした森林・林業に関する情報発信および普及に取り組んでいます。
全体協の月刊「林業新知識」、月刊「現代林業」、単行本は、下記で紹介している協会からも購入いただけます。
http://www.ringyou.or.jp/about/organization.html
〈都道府県の林業改良普及協会（一部山林協会等含む）一覧〉

全林協の月刊誌

月刊『現代林業』

わかりづらいテーマを、読者の立場でわかりやすく。「そこが知りたい」が読める月刊誌です。
本誌では、地域レベルでの林業展望、再生可能な木材の利活用、山村振興をテーマとして、現場取材を通して新たな林業の視座を追究していきます。
毎月、特集としてタイムリーな時事テーマを取り上げ、山側の視点から丁寧に紹介します。

A5判　80頁　モノクロ
年間購読料 定価：6,972円（税・送料込み）

月刊『林業新知識』

山林所有者の皆さんとともに歩む月刊誌です。仕事と暮らしの現地情報が読める実用誌です。
人と経営（優れた林業家の経営、後継者対策、山林経営の楽しみ方、山を活かした副業の工夫）、技術（山をつくり、育てるための技術や手法、仕事道具のアイデア）など、全国の実践者の工夫・実践情報をお届けします。

B5判　24頁　カラー／モノクロ
年間購読料　定価：4,320円（税・送料込み）

〈出版物のお申し込み先〉

各都道府県林業改良普及協会（一部山林協会など）へお申し込みいただくか、
オンラインショップ・メール・FAX・お電話で直接下記へどうぞ。

全国林業改良普及協会

〒100-0014　東京都千代田区永田町1-11-30 サウスヒル永田町 5F

TEL：03-3500-5030　**ご注文FAX：03-3500-5039**

オンラインショップ全林協：ringyou.shop-pro.jp
メールアドレス：zenrinkyou@ringyou.or.jp
ホームページ：ringyou.or.jp

※代金は本到着後の後払いです。送料は一律550円。5,000円以上お買い上げの場合は無料。
※月刊誌は基本的に年間購読でお願いしています。随時受け付けておりますので、お申し込みの際に購入開始号（何月号から購読希望）をご指示ください。
※社会情勢の変化により、料金が改定となる可能性があります。